新疆陆地棉品种
SSR指纹图谱及身份证构建

郑巨云　艾先涛　王俊铎 ◎ 主编

中国农业出版社
北　京

编 委 会

序
PREFACE

　　新疆水土光热资源丰富，棉花生产优势独特。新疆棉花产业经过60多年的发展，发生了翻天覆地的变化，棉花生产基地、加工基地、纺织基地、服装基地初具规模，已形成完整的产业链和产业基地，成为我国最大的优质棉生产基地和最重要的商品棉生产基地，肩负着棉花生产和安全的重任。

　　种子是棉花生产的基础。做强新疆棉花生产，首先要做强种子产业。新疆棉花种业发展面临激烈的国内外市场竞争，核心是资源、种子、品种的竞争。加强种质资源、种子性状、品种选育、品种保护研究，全面挖掘优异基因、良种潜力和特异种性，对全面提升种业的创新能力、服务能力、竞争能力，发挥一粒种子一粒金的作用至关重要。

　　品种真实性和纯度是棉花品种质量的关键指标，直接关系到棉花产量的高低和纤维品质的优劣。近年来，新疆棉花育种成就显著，品种遗传改良增益、良种覆盖率逐年提高，形成了引、育结合，产、学、研结合，育、繁、推一体化的种业发展模式。然而目前，棉花生产和经营单位管理还存在着诸多不规范问题，例如，品种同质化严重、种子质量差、伪劣假冒种子充斥市场，品种"多、乱、杂"的现象十分普遍，严重影响棉花生产安全和健康发展，极大地损害育种家的权益和农民的经济利益。

　　在新疆棉花育种家、企业及品种检测管理的迫切需求下，国家棉花产业技术体系种子岗位科学家李雪源研究员带领其团队，根据棉花产业发展对种子性状的需求，针对新疆棉花生产主导品种不突出、突破性品种少、同质性强，种子市场假冒套牌品种多，种子生产纯度鉴定效率低等问题，在全面收集整理棉花主栽品种、区试品种、新品种保护样品基础上，筛选出了适用于新疆棉花品种身份鉴别与纯度鉴定的核心位点组合，制定了新疆棉花品种分子检测技术规范和标准，建立了新疆棉花品种DNA身份鉴定体系，构建了新疆陆地棉品种的 SSR-DNA 指纹数据库，形成了棉花品种信息大数据，实现了品种管理数字化、便捷化和智能化，为新疆棉花种子市场监管执法、品种审定、品种保护等提供了强有力的技术支撑。

相信本书对棉花科研工作者有所裨益。

中国工程院院士

2020年10月30日

前 言
FOREWORD

　　棉花是我国重要的经济作物，优良品种是保证其获得高产的基础。近年来，随着棉花育种技术的快速发展，新培育出的棉花品种越来越多，品种"多、乱、杂"现象也随之出现，严重影响棉花产业的健康发展。同时，由于骨干亲本的反复使用与种质资源遗传基础狭窄，导致品种间遗传差异越来越小，仅依据传统形态学难以满足品种鉴定需求。DNA分子标记技术的发展促进了品种鉴定技术的进步，通过构建DNA指纹图谱进行品种快速鉴定是品种鉴定技术的发展趋势。与其他分子标记技术相比，以微卫星序列为基础的SSR标记具有扩增稳定、多态性好、价格便宜等优点，被广泛应用于水稻、小麦、玉米、大豆、马铃薯等作物的指纹图谱构建及遗传多样性分析中。利用SSR分子标记对棉花品种进行鉴定及构建指纹图谱，对棉花品种鉴别具有重要意义。

　　本书依托新疆农业科学院经济作物研究所李雪源研究团队和新疆金丰源种业股份有限公司合作收集的120份新疆自育棉花品种资源（包括南疆，北疆植棉区的基础种质，及棉区的主推品种等），从国家农业农村部行业标准推荐的核心引物中，挑选出核心SSR引物，系统构建了各品种的SSR指纹图谱，并在此基础上建立了陆地棉品种真实性和纯度鉴定技术体系。本书对新疆棉花品种的质量管理和产权保护具有实践意义；同时也有助于育种单位、制种单位和良繁部门把握好棉花种子质量和纯度，确保生产用种。

　　本书编写过程中得到了团队成员和棉花界同仁的大力支持。借此机会向为本书付出辛勤劳动的工作人员表示由衷的感谢！由于在科学技术高速发展的今天，我们难以将更新更好的内容与成果收入本书中，加之时间仓促，水平所限，错误之处在所难免，敬请广大读者原谅赐正。

编　者

2020年11月

目　录
CONTENTS

序
前言

第一章
新疆陆地棉品种SSR指纹图谱及身份证构建方法

新疆作为我国最大的优质棉、商品棉生产基地和出口基地，棉花总产、单产、面积已连续多年稳居全国首位，初步形成了以中绒棉、长绒棉、中长绒棉、彩色棉、超级长绒棉等多纤维类型的棉花生产格局。目前新疆也是我国唯一的长绒棉生产基地和我国最大的彩色棉生产基地。新疆有得天独厚的自然条件，土质呈碱性，夏季温差大，阳光充足，光合作用充分，生长时间长，使得新疆种植的棉花表现出更突出的特点。

棉花是新疆经济支柱产业。国家已从战略的高度，不断加大支持力度，通过"十一五""十二五"的投入建设，新疆优质棉基地规模化竞争优势和产业化发展优势已经显现（李雪源，2016；梁亚军，2019）。2014年棉花目标价格改革试点工作实施以来，棉花种植规模稳定保持在3 700万亩*以上，总产不断增加，棉花质量不断提高，良种繁育体系、技术推广体系和示范基地已初步建成，并发挥了重要作用。新疆棉区肩负着国家棉花产业安全的重任，其长期稳定发展不仅有利于棉农增产增收，而且对维护边疆社会稳定和繁荣具有重要意义。

近年来，新品种的培育与推广速度不断地加快，品种"多、乱、杂"现象也随之出现，严重影响棉花产业的健康发展。由于骨干亲本的反复使用与转基因技术在棉花育种中的应用，导致品种间遗传差异越来越小，仅依据传统形态学难以满足品种鉴定需求。因此，为了提高棉花质量，维护种子市场秩序，迫切需要一种科学有效的品种鉴定方法。

基因是控制生物性状的遗传单位，棉花品种的形态差异本质上是由其基因差异所致，利用DNA分子标记技术鉴别品种基因型的差异，可有效地进行品种区分。棉花基因组中存在大量的SSR序列、同一位点的SSR在不同品种间的重复单元和重复次数不同，具有丰富的长度多态性。根据SSR序列侧翼保守的单拷贝序列设计特异引物，利用PCR扩增和电泳分析技术，能准确揭示不同品种间同一位点上的SSR差异。将若干SSR标记的分析结果，按一定规则制成类似指纹一样的图谱就称之为SSR指纹图谱。

近年来，DNA分子标记技术的发展促进了品种鉴定技术的进步，与传统的鉴定方法相比，分子标记技术能揭示更多的多态性，且结果准确性高，试验

---

* 亩为非法定计量单位，15亩＝1hm²。余同。——编者注

操作简单、省时省力。其中以微卫星序列为基础的SSR标记具有扩增稳定可靠、重复性好等优点，被广泛地应用于棉花指纹图谱构建及品种鉴定研究中。

一、DNA指纹图谱技术发展概况及特点

（一）DNA指纹图谱技术发展概况

DNA图谱（DNA fingerprinting）指一种可以反映出不同样本间或种群之间基因组DNA差异位点的技术，这种图纹同人的指纹一样是个体独有的，故叫做"DNA指纹图谱"。1974年Grozdicker等首先提出，对温度敏感表型的腺病毒DNA突变体进行鉴定时，利用限制性内切酶将其酶解，发现了DNA片段的差异，首创第一代限制性片段长度多态性标记（restriction fragment length polymorphism，RFLP）。RFLP标记遍布低拷贝编码序列，并且十分稳定，目前使用领域广泛，但RFLP多态信息含量较低、试验操作复杂、费时费力且成本高昂，因此不适用于大规模分子育种中。1982年Hamade等发现了第二代分子标记-SSR（simple sequence repeats），是目前最常用的方法之一。1985年由Jeffreys等研究指出同一家族的微卫星（minisatellite）位点均由一个11～16bp的核心序列组成基本序列单位，这些核心序列串联重复，构成的人源卫生探针，与众多的基因组酶切DNA片段进行Southern杂交，所生成的谱带在不同样本之间都存在明显差别，因而获得具有特异性的杂交图谱。这类与人的指纹相像且具有唯一性的电泳谱带被称为DNA指纹图谱。1990年Williams和Welsh等发明了随机扩增多态性标记（random amplified polymorphic DNA，RAPD）和任意引物PCR（arbitrarily primed PCR），AP-PCR。1993年荷兰科学家Zabeau和Vos发明了一种扩增片段长度多态性标记（amplified fragment length polymorphism，AFLP）。1994年Zietkiewice等在PCR基础上发展起来了新一代的分子标记技术，即ISSR技术（inter-simple sequence repeat）。1998年诞生了第三代分子标记，即单核苷酸多态性（single nucleotide polymorphisms，SNP）。2001年，由Li和Quiros发现了一种基于PCR的显性标记，即SRAP标记（sequence-related amplified polymorphism）。迄今为止，已有10多种DNA分子标记技术被用于品种鉴定及遗传关系分析中，主要可分为如下四大类：

第一类是以DNA杂交为根本的分子标记技术，该类技术是选用限制性内切酶结合Southern杂交技术以揭示DNA的多态性。最具有代表性的标记就是RFLP。

第二类是以PCR为基础的分子标记技术。主要包括RAPD、SCAR、SSR、STS、ISSR等。其中SSR已广泛应用于指纹图谱构建、品种亲缘关系分析等。

第三类是通过限制性内切酶与PCR相结合来获得的分子标记。主要包括两

种标记：一种是先进行酶切，再使用特殊引物进行扩增，如扩增片段长度多态性序列标记技术（amplified fragment length polymorphism，AFLP）；另一种是先进行扩增，再酶切扩增后的片段以检测其多态性，如酶切扩增多态性序列标记技术（cleaved amplified polymorphism sequences，CAPS）。

第四类是基于芯片技术的DNA分子标记，如SNP（single nucleotide polymorphisms），SNP在基因组中普遍存在，适合快捷、规模化的筛查。DNA指纹技术能够检测出不同作物品种的指纹，并进行个体识别、亲缘关系评价，具备区分不同物种及同一物种不同品系的潜力，已在品种真实性鉴定、纯度检测及品种专利权正当保护中普遍应用。

（二）DNA指纹技术的特点

1.多位点性 DNA分子标记物众多，并遍布生物体的整个基因组。这些生物体基因组中有数千小卫星位点，一些位点的小卫星重复单元包含相同或相似的核心序列。高分辨率的DNA指纹一般由15～30个频带构成，看起来像一个条形码。DNA指纹中绝大多数的频带都是独立遗传的。一个具备高分辨率的DNA图谱通常由15～30条谱带组合而成，看起来像一个信上的条形码。DNA指纹区中的绝大多数区带是独立遗传的，所以只需1个DNA指纹图谱便可以同时检测基因组中几十个基因座的变异性。很多的研究表明，个体DNA指纹图谱中的带很少成对连锁遗传，所代表的位点广泛地分布于整个基因组中（Burke等，1987；Hiu等，1985）。一个传统的RFLPs探针一次只能检测一个特异性位点的变异性，所产生的图谱一般由1～2条带组成，仅代表一个位点。因此二者比较而言，DNA指纹图谱更能全面地反映基因组的变异性。

2.高度的特异性 DNA指纹图谱之所以具备高度的特异性取决于以下两个原因：一个是可分辩的条带数，另一个是每个谱带在群体中的频率。该指纹技术所鉴定的位点在该基因组中具有高度变异性，由多个这样的位点上的基因构成的图谱就具有高变异性。其高变异性体现在不同物种或者相同物种不同品系的样本的DNA图谱有所差异。Jeffreys等经过对人的DNA指纹的探究，指出两个没有血缘关系的样本之间具有相同图谱的概率仅仅为3×10^{-11}，而将探针33.15和33.6产生的DNA指纹图谱综合起来分析时，则这种概率为5×10^{-19}，由此可见，DNA指纹图谱具有高度的特异性。

3.稳定的遗传性 DNA指纹图谱不受组织类别及发育阶段等因素影响，植株的任何组织在任何时期均可用于分析。不受环境、季节的限制，不存在是否表达等问题。Jeffreys等通过家族分析指出，DNA指纹谱带遗传稳定。后代的DNA指纹中的每个条带都可以在任何一个亲本中发现，并且产生新带的概率仅为0.001～0.004。DNA指纹图谱中的杂合带遵守孟德尔遗传规律，子代中共显性条带一半来自于父代，一半来自于母代。

（三）常用的DNA指纹图谱技术的原理及其优缺点

DNA指纹是一种可以识别不同物种样本间差别的电泳谱带，从形态上看是由一组距离不等、相互间隔的条带组成，不同个体之间在DNA图谱上的差异主要表现为谱带位置、数目及密度上的差别。它具有各种形式，主要包括生理生化标记和分子标记两种。随着棉花、玉米、小麦、大豆等一些重要作物品种的推广，因此种子管理及育种中急需确定新品种的真实性与纯度，由此可见，让每个品种拥有一个多态性高、特异性好及具备重复性的指纹图谱，对种质资源分析及品种真假辨别具有重要的意义，是保护品种权的有力手段。采用这两种技术不仅能够揭示不同作物间差别，并且操作简单、受环境因素干扰小，检测结果精确可靠，非常适合应用于作物种质亲缘关系评价、品种真假判定及新品种审定。

1.生理生化标记　蛋白质电泳图谱是一种最常见的生化指纹图谱，由于基因编码氨基酸序列差异性或者蛋白质后加工不同，蛋白质具有多态性，如糖基化能导致蛋白质分子量的变化。蛋白质表达中不同的基因会产生一些差异，当进行蛋白质凝胶电泳时，不同品种会显示不同的蛋白质图纹，这是蛋白质指纹图谱。这些蛋白的组成不受环境因素影响由遗传决定，组分之间的差异可以间接反映不同的基因型，其中同工酶和种子贮藏蛋白是两种主要的蛋白质类型，在蛋白质指纹构建中使用最为广泛。

2.分子标记　面对不断加快的育种进程、逐渐增加的品种数目和越来越狭窄的遗传资源关系，许多学者希望用尽可能少的引物数目以鉴别最多数目的品种。由于传统的形态学和生理生化鉴定方法难以满足需求，于是另一种方式的DNA分子图谱产生了。采取DNA分子指纹进行品种鉴别时，可以直接揭示基因组水平上的差异，并且具备专一性与特异性，即不同品种的DNA图谱也大不相同。与通常的生化鉴别方法相比较，DNA图谱具备很大优势。首先，分子标记数量多，在基因组中分布范围较广；其次，多半分子标记表现为共显性，可以鉴定纯合与杂合基因型；同时，在供试植株任何时期、任何部分均可以取样分析，不被环境与季节影响。近几年来，一系列分子标记在品种指纹图谱构建的工作中得以应用，如RFLP、RAPD、SSR、AFLP等。目前在棉花、马铃薯、玉米、小麦、油菜、大豆、水稻等作物中，已经普遍进行了利用分子标记构建品种（系）指纹图谱的研究，并取得了一些成绩。

（四）棉花分子标记指纹图谱的研究

1.RFLP图谱　RFLP（restriction fragment length polymorphism，限制性片

段长度多态性）的产生主要是由于植物基因组DNA序列上的变化，如碱基替换造成某种内切酶切点的增加或丧失，以及内切酶切点间DNA片段的插入、缺失或重复等，导致限制性片段长度多态性的出现。利用限制性内切酶将总DNA降解成许多大小不等的片段，将这些大小不等的片段通过凝胶电泳分离，用分子探针杂交，并利用放射性自显影在感光底片上成像，就会找出不同的位置。特定的DNA/限制性内切酶组合所产生的片段是特异的，它可作为某一DNA所特有的"指纹"。这种"指纹"在DNA分子水平上直接反映了生物的遗传多态性。RFLP是棉花上最早使用的分子标记。

　　早在1990年，Martsinkovskaya和Mukhame-dov率先进行了棉花及其枯黄萎病病原菌的RFLP指纹图谱分析。供试材料包括陆地棉品种、陆地棉亚种尖斑棉和3个亚洲棉品种。试验发现每个材料均有自己的特异RFLP带，3个亚洲棉品种只有2个片段的差异，说明这种方法可用于建立近亲棉种之间的鉴别技术。

　　2.RAPD图谱　Williams等建立了以PCR为基础的RAPD（random amplified polymorphism DNA，随机扩增多态性DNA）分子标记技术，其基本原理就是引物结合位点单个碱基的改变，或更大缺失、插入等导致扩增图谱中某一分子量DNA片段的出现或缺失，其遗传方式多为显性。此方法可利用一系列随机引物来检测未知序列的基因组DNA，且模板DNA用量少，分析速度快，灵敏度高，一套引物可用于不同生物，因此成为品种鉴定和种子纯度检测的主要方法之一。

　　RAPD分子标记技术在许多作物如水稻、玉米、大豆等都进行了品种鉴定和种子纯度的研究，在棉花上也取得了一些进展。Multani等用30个随机引物对陆地棉12个品种和1个品系，以及1个海岛棉种进行RAPD指纹分析。遗传距离聚类分析表明，系统发育关系与已知的谱系非常一致，10个品种都具有特殊的RAPD标记以相互区分开。易成新等利用RAPD- PCR技术，对我国现有的皖杂40杂种棉组合的纯度测验进行了初步研究。研究结果表明，利用OPW09引物可以很容易地把皖杂40F杂种和它们的亲本加以区别；张秋云等对45份棉花材料进行RAPD电泳图谱分析发现，各材料间图谱差异明显，结果证明应用RAPD技术进行棉花品种鉴定和纯度分析是可行的；于霁雯等研究了25个中国早熟陆地棉品种的指纹图谱，并将其分为4类；郭旺珍等对21个中国陆地棉品种的指纹图谱进行了聚类和相似性分析，认为大部分品种的聚类结果与其系谱吻合。

　　3.SSR图谱　简单重复序列（simple sequence repeat，SSR）又叫微卫星（microsatellite），一般由几个核苷酸为单位(核心序列)组成多次串联重复序列，由于核心序列的重复次数在同一物种的不同基因型间差异很大，造成微卫星座位更多的复等位性，因而SSR标记可应用于品种鉴定和纯度检测。

　　武耀廷等用48对SSR引物对30个棉花栽培品种和4个高优势杂交种的亲本进行了多态性筛选，结果应用4个SSR标记区分了湘杂2号、皖杂40、中棉所28、南抗3号的F杂种和它们的亲本，以及其他栽培品种；这些标记可分别用于这些杂交种的分子鉴定和种子纯度的检测。秦利等从10对引物中随机挑选了3对引物对当前新疆主栽品种进行了指纹图谱构建和杂交种纯度鉴定，3个标记可分别将这3个杂交种与它们的亲本加以区分。朱美霞等通过15对SSR引物对5个品种应用引物组合法进行PCR扩增，检测种子纯度，结果证明应用引物组合法不但可以减少试验工作量、降低消耗、节约成本，而且有着同样精确可靠的检测结果，尤其对于纯度较低的棉花品种进行检测，具有更高的实用价值。刘勤红等筛选了217对异源四倍体棉花的SSR引物，获得了十几个足以区分鲁棉研15父母本及其F的标记位点，为鲁棉研15杂交种的纯度鉴定提供了一个准确、稳定和快捷、实用的方法，结果也表明Bt基因的PCR并不能用于转基因抗虫棉组配的杂交种的纯度鉴定，而利用筛选大量的SSR标记位点获得的在鲁棉研15父母本之间具有稳定多态性的共显性标记位点，可有效地区分鲁棉研15父母本和杂交F的基因型，进而进行杂交种纯度的鉴定。郭江勇等用SSR技术建立了18个彩色棉品系的指纹图谱，并对其亲缘关系进行了探讨。

匡猛等以32个棉花品种为材料，利用SSR标记构建了这些品种的指纹图谱，并评价了其遗传多样性水平。结果指出，与特征谱带法相比，核心引物组合法更适合棉花指纹图谱构建的工作。艾先涛等利用54对SSR标记对94份新疆自育陆地棉品种进行了研究，认为新疆陆地棉品种间遗传多样性狭窄。张玉翠等以32份棉花种质为研究对象，采用SSR引物为这些品种建立了指纹图谱，并对遗传多样性水平做出了评价。符家平等选用8对SSR核心标记为棉花杂交种C111 F₁代建立了DNA指纹，给杂交棉纯度的检测提供了分子水平上的参考。冯艳芳等以20份棉花种质为材料，采用SSR法成功建立了20份棉花材料的指纹并对其遗传多样性水平进行了分析。付小琼等以中棉所63为研究对象，选用SSR引物建立了该品种的DNA指纹，旨在保护中棉所63的品种权。

4.AFLP指纹图谱　AFLP（amplified fragment length polymor-phism）即扩增片段长度多态性，是由荷兰Keygene公司的ZABEAU和VOS等人发明的一种分子标记技术。AFLP是基于RFLP和PCR（polymerase chain reaction）相结合的DNA分析技术。其基本原理是：DNA经限制性内切酶酶切后，酶切片断的末端连接上一个接头，随后经一个与接头和位点相匹配的引物进行选择性扩增，扩增后的产物经变性的聚丙烯酰胺凝胶电泳进行分离。与其他DNA分析技术相比，AFLP技术具有很多优点：多态性丰富、不受环境影响、无复等位效应、带纹丰富、DNA用量少、无需预知基因组的序列信息、稳定性好、多态性检测效率高。

利用AFLP技术鉴定品种的指纹，检测品种的质量和纯度，辨别真伪，十分灵敏。美国先锋种子公司首先引用了AFLP技术用于玉米自交系和杂交种鉴定工作，建立品种档案，保护品种专利。棉花上，宋国立等利用AFLP技术建立了几个棉花品种的指纹图谱。朱云国等应用AFLP同位素标记法，获得了棉花细胞质雄性不育系、保持系、恢复系及其杂种F的DNA指纹图谱，结果表明，AFLP是一种十分有效的DNA指纹技术，它具有多态性丰富、稳定性高、重复性好等优点，适用于种子指纹图谱研究。王省芬等利用AFLP对105个棉花抗病品种的遗传多样性进行了分析，还利用SSR和AFLP对58个陆地棉品种鉴定认为，AFLP结果可靠稳定，灵敏度高，但多态性不如SSR。

RAPD标记操作简便快速，所需DNA量少，但其扩增产物易受反应条件的影响，试验结果重复性差，标记为显性标记而不能区分杂合型基因型。AFLP兼具RAPD和RFLP的优点，结果稳定可靠、多态性好。但其技术过程较复杂，DNA纯度要求很高，试验成本也较高。随着近年来SSR标记在棉花上的应用越来越广泛，技术也越来越成熟。它相对于RAPD结果稳定，重复性好，且为共显性标记，可提供更多的信息，鉴定杂合基因型；而比起AFLP标记，它操作简单快速，因此非常适合进行品种鉴定和纯度检测。

目前，利用分子标记法构建棉花DNA指纹图谱并对品种真实性和纯度检测的研究阶段，已取得初步进展。在现有条件下，开展棉花品种DNA指纹鉴定工作，构建棉花品种DNA指纹图谱数据库具有可行性。

二、术语和定义

1.DNA图谱（DNA fingerprinting）　指一种可以反映出不同样本间或种群之间基因组DNA差异位点的技术，这种图纹同人的指纹一样是个体独有的，故叫做DNA指纹图谱。

2.SSR（simple sequence repeats）　即简单重复序列，又称微卫星DNA。是指以2～6个核酸为重复单元的串联重复序列，它们随机分布于整个基因组的不同位置上。对不同基因型来说，SSR的单元组成及重复次数的不同，可形成SSR座位的丰富多态性。

3.PCR（polymerase chain reaction）　即聚合酶链式反应。一种利用酶促反应对特定DNA片段进行体外扩增的技术。该技术以短核苷酸序列作为引物，使用一种耐高温的DNA聚合酶，可在短时间内对微量DNA模板进行数百万倍的扩增。

4.引物（primer）　一条互补结合在模板DNA链上的短的单链，能提供3'-OH末端作DNA合成的起点，延伸合成模板DNA的互补链。

5.带形（patterns）　利用某引物通过PCR对特定品种DNA进行扩增所得到的条带类型。

6.分子指纹特征码（molecular ID）　利用均匀分布于棉花染色体上的26

对SSR引物组合构建的一组反映某品种DNA分子特征的带形组合，并以代码的形式进行表述(由26位数字构成)。

7.品种身份证（cultivar ID） 将反映品种身份的基本信息(包括反映品种本质属性的DNA分子指纹信息)以数字、条码、图像等进行系统规范和科学表述并作为证实和区别品种身份的指证，它具有唯一性、通用性、可追溯性等特点。

8.标准样品（standard sample） 经权威机构认定认证的代表已知品种特征特性的样品，对有性繁殖作物而言，一般为种子。

三、试验材料与方法

品种鉴定方法大致经过了形态学鉴定、蛋白质电泳技术和DNA指纹技术这几个时期。与其他方法相比，DNA指纹技术具有准确、简便、不受环境条件影响等优点，成为目前最先进的品种鉴定方法之一。构建棉花品种SSR标记指纹图谱的核心环节是引物的筛选。筛选出一批多态性较高且鉴别能力强的SSR引物具有重要意义。

本书最初利用少量遗传背景差异较大的品种，对候选引物进行初筛，综合评价引物扩增效果和多态性信息，得到初筛后引物，进一步选用大量具有广泛代表性的材料，对初筛得到的引物进行复筛。根据引物多态性信息、基因型个数、条带清晰度，通过初筛和复筛两个过程，最终确定出由78对引物组成的核心引物，旨在为棉花SSR标记指纹图谱的构建提供支持。

（一）试验材料

引物的初筛选用8份遗传背景差异较大的棉花品种，这8个品种分别为：新陆早2号、新陆早13、新陆早24、新陆早36、新陆中5号、新陆中14、新陆中28、新陆中36。

引物的复筛选用120份新疆陆地棉品种，包括军棉1号，新陆早系列62份和新陆中系列57份，这些品种是从1979年至2013年这40年间新疆在生产上广泛推广应用的陆地棉品种，品种来源于各育种家及育种单位，具体信息见表1-1。

表1-1　新疆陆地棉品种名称、系谱来源及选育单位

编号	品种	系谱来源	选育单位
1	新陆早1号	农垦5号选系722	新疆石河子市下野地试验站
2	新陆早2号	6902×中棉所4号	新疆生产建设兵团第八师农业科学研究所

（续）

编号	品种	系谱来源	选育单位
3	新陆早3号	（79-73W×爱子棉）×荆州4588	新疆生产建设兵团第七师农业科学研究所
4	新陆早4号	（66-241×澧74-47）F$_1$×岱70	新疆生产建设兵团第七师农业科学研究所
5	新陆早5号	（347-2×科遗181）F$_1$×（83-2-3＋陕1155）	新疆生产建设兵团第八师农业科学研究所
6	新陆早6号	85-174×贝尔斯诺	新疆生产建设兵团第七师农业科学研究所
7	新陆早7号	3347×塔什干2号	新疆生产建设兵团第八师农业科学研究所
8	新陆早8号	（抗V.Wx×早1号）F$_1$辐射	新疆生产建设兵团第八师农业科学研究所
9	新陆早9号	（新陆早6号×贝尔斯诺）×中棉所17	新疆生产建设兵团第七师农业科学研究所
10	新陆早10号	（黑山棉×02II）F$_2$×中棉所12	新疆生产建设兵团第八师农业科学研究所
11	新陆早11	豫早202系选	博乐市种子管理站
12	新陆早12	辽95-25病圃系选	新疆生产建设兵团第五师农业科学研究所
13	新陆早13	83-14×（中无5601＋1639）	新疆生产建设兵团第七师农业科学研究所
14	新陆早14	新陆早7号×zk90	新疆生产建设兵团第八师农业科学研究所
15	新陆早15	JW低酚×中棉所12	新疆生产建设兵团第七师农业科学研究所
16	新陆早16	早熟鸡脚×贝尔斯诺	新疆生产建设兵团第七师农业科学研究所
17	新陆早17	9908系选	新疆农业科学院
18	新陆早18	69118系选	新疆农业科学院
19	新陆早19	91-2×900	新疆生产建设兵团第八师农业科学研究所
20	新陆早20	新陆早16（97-185）病圃系选	新疆石河子市150团
21	新陆早21	新陆早8号抗病变异株	富依德公司
22	新陆早22	优系451×新陆早6号	新疆农垦科学院
23	新陆早23	中棉所27变异	万氏种业
24	新陆早24	中长绒品系7047×C6524	康地种业
25	新陆早25	[（系5×贝尔斯诺）×晋棉14]×中棉所17	新疆生产建设兵团第七师农业科学研究所
26	新陆早26	新陆早8号(1304)变异株	天合种业
27	新陆早27	早熟抗病7147×贝尔斯诺	康地种业
28	新陆早28	85-57×（贝尔斯诺＋西南农大抗病、优质、丰产材料混合花粉）	惠远种业
29	新陆早29	中国农业科学院棉花研究所、辽宁省农业科学院棉花研究所、河南省农业科学院等单位引试品种（系）混播选育	金博种业
30	新陆早30	中国农业科学院棉花研究所、辽宁省农业科学院棉花研究所、河南省农业科学院等单位引试品种（系）混播选育	金博种业
31	新陆早31	（新陆早6号×贝尔斯诺）F$_1$×岱子棉	万氏种业
32	新陆早32	拉玛干77变异株病圃系选	新疆农垦科学院
33	新陆早33	石选87变异株病圃系选	新疆农垦科学院
34	新陆早34	早熟系97-65×7003	康地种业

(续)

编号	品种	系谱来源	选育单位
35	新陆早35	[（新陆早3号×中2621）×抗35]×97-185	新疆生产建设兵团第七师农业科学研究所
36	新陆早36	新陆早8号×抗病品系BD103	新疆生产建设兵团第八师农业科学研究所
37	新陆早37	（辽83421×系5）×（辽9001+系5+自育90-5）	新疆生产建设兵团第五师农业科学研究所
38	新陆早38	[(92-226×中6331)×中棉所17]×97-145	新疆生产建设兵团第七师农业科学研究所
39	新陆早39	（新陆早4号×贝尔斯诺）×岱字棉	万氏种业
40	新陆早40	97-185×（D256×sw2）F$_2$	新疆农垦科学院
41	新陆早41	高代材料17-79系选	富全新科种业
42	新陆早42	新陆早10号×97-6-9	新疆农垦科学院
43	新陆早43	41-4×H2	新疆石河子棉花研究所
44	新陆早44	MP1×FP1	新疆农垦科学院
45	新陆早45	新陆早13×9941	新疆农垦科学院
46	新陆早46	系9×抗病822	新疆生产建设兵团第八师农业科学研究所
47	新陆早47	（中棉所17×9001）×97-185	新疆生产建设兵团第七师农业科学研究所
48	新陆早48	石选87×优系604	惠远种业
49	新陆早49	9765×新陆早16	新疆生产建设兵团第七师农业科学研究所
50	新陆早50	新陆早13×Y-605	新疆农业科学院
51	新陆早51	新陆早10号×97-6-9×垦0074	新疆农垦科学院
52	新陆早52	硕丰1号优系4004×早28选系	硕丰种业
53	新陆早53	石选87×新陆早9号	新疆农垦科学院
54	新陆早54	新陆早11×中棉所12	金宏祥高科
55	新陆早55	自育品系062160×03251	大有赢得种业
56	新陆早57	自育高代品系60-2〔新陆早17（9908）×辽棉16（辽205）〕×新陆早8号	新疆农业科学院
57	新陆早58	｛（185×9717）×新3×中2621×抗35）｝×185多年组合杂交	新疆生产建设兵团第七师农业科学研究所、锦棉种业
58	新陆早59	自育"9774"×新陆早12	惠远种业
59	新陆早60	9843×316	新疆农垦科学院、西域绿洲种业
60	新陆早61	（早熟棉×HB8）经南繁北育，病圃定向选育	新疆石河子棉花研究所
61	新陆早62	系9×995	新疆石河子棉花研究所、新疆石河子庄稼汉农业科技有限公司
62	新陆早63	天河99×系126	中国农业科学院棉花研究所北疆生态试验站
63	军棉1号	[司]1470×（五一大铃+147大+司1470+早落叶棉+司3521+新海棉+2依3）]	新疆生产建设兵团第二师塔里木良种繁育试验站
64	新陆中1号	[（巴州6017×上海无毒棉）×巴6017]	巴州农业科学研究所

（续）

编号	品种	系谱来源	选育单位
65	新陆中2号	麦克奈210×新陆201	新疆农业科学院
66	新陆中4号	岱字棉45选×新陆202	新疆农业科学院
67	新陆中5号	陕721×108夫	新疆农业科学院
68	新陆中6号	巴州6017×上海无毒棉	巴州农业科学研究所
69	新陆中7号	85-113×中棉所12	新疆生产建设兵团第一师农业科学研究所
70	新陆中8号	{［C-8017×〈宁细6133-3＋（910依×陆地棉）F$_4$〉×11818×198］F$_8$×（永年小双桃×594依）F$_5$}×海南野生棉	新疆维吾尔自治区种子管理总站
71	新陆中9号	（系5×贝尔斯诺）×中棉所17	新疆农业科学院
72	新陆中10号	乌兹别克斯坦杂交组合高代材料（95-10）系选	新疆农业科学院
73	新陆中11	巴州7648×K-202	巴州农业科学研究所
74	新陆中12	108夫系选	新疆岳普湖县
75	新陆中15	（ND25×3287）×ND25（回交4次）	新疆农业大学
76	新陆中16	新陆中5号×（中棉所17＋中棉所12＋中棉所19）	新疆生产建设兵团第一师良种繁育场
77	新陆中17	协作92-36×中棉所17	新疆生产建设兵团第一师良种繁育场
78	新陆中18	冀9119×辽棉10号	中国彩棉集团
79	新陆中19	新900品系×贝尔斯诺	新疆农业大学
80	新陆中20	89-19×中长绒棉材料33	天合种业
81	新陆中21	92D×引进的丰产抗病品系96-07	新疆农业科学院
82	新陆中22	新陆中8号×抗病品系9658	红太阳种业
83	新陆中23	从独联体引进陆地棉高代材料(陆-4)系选	吐鲁番农业科学研究所
84	新陆中25	KA×6012R42	康地种业
85	新陆中26	从引进的17-79中系选出巴棉3号再由巴棉3号选育出6603品系系选而成	富全新科种业
86	新陆中27	自育032品系×品系048	天合种业
87	新陆中28	中9409（中棉所35）×父本邯109	汇丰种业
88	新陆中29	J95-8×11-6	新疆优质杂交棉公司
89	新陆中30	石91-19×锦科19系选	河南新乡市锦科棉花研究所
90	新陆中31	不育系KA×恢复系01588	康地种业
91	新陆中32	豫棉8号×（中棉所12＋中棉所19）	丰禾源种业
92	新陆中33	036×渝棉1号	富全新科种业
93	新陆中34	品系8316×中棉所99＋系选	巴州农业科学研究所
94	新陆中35	Y36×冀123	富全新科种业
95	新陆中36	9119×155	巴州一品种业
96	新陆中37	B23×渝棉1号	塔河种业

（续）

编号	品种	系谱来源	选育单位
97	新陆中38	99-26	康地种业
98	新陆中39	KA×H3	康地种业
99	新陆中40	早16×（D256×SW2）F$_2$	库尔勒市种子公司
100	新陆中41	巴州6807×Acala1517	巴州农业科学研究所
101	新陆中42	[（早7×中2621）×中棉所35]×早16	新疆农业科学院
102	新陆中43	41-4×H2	新疆生产建设兵团第一师农业科学研究所、塔河种业
103	新陆中44	系238×Y36	富全新科种业
104	新陆中45	4133×51504	新疆光辉种子有限公司
105	新陆中46	由新疆承天种业有限责任公司从中国科学院植物保护研究所引进	河南科林种业有限公司、巴州禾春洲种业有限公司
106	新陆中47	系Ji98-72×01-1099	巴州农业科学研究所
107	新陆中48	系[99-708（C6524×中19）F$_6$]×99-425	新疆生产建设兵团第一师农业科学研究所、塔河种业
108	新陆中50	石远321×新B1	石河子新农村种业有限公司
109	新陆中54	K-265×K-263	新疆农业科学院
110	新陆中56	系3-1235×901	富全新科种业
111	新陆中58	中棉所43系选	新疆国家农作物原种场
112	新陆中59	鲁研棉18×系97-45	神生种业
113	新陆中60	新陆中14×20-965	新疆生产建设兵团第一师农业科学研究所
114	新陆中61	中棉所49×中棉所35	前海种业
115	新陆中62	新陆中17×A1	塔河种业
116	新陆中63	冀9119优系×苏联引进材料1085	巴州农业科学研究所
117	新陆中64	中287优系×[01-1121（新陆中8号优系）×绵优156]F$_1$	巴州农业科学研究所
118	新陆中65	新陆中35×系380	富全新科种业
119	新陆中68	（L16×29-1）×冀9119	金丰源种业
120	新陆中69	巴州7217×Acala1517	巴州农业科学研究所、惠祥棉种

注：富依德公司：石河子市富依德科技有限公司；万氏种业：奎屯万氏棉花种业有限责任公司；康地种业：新疆康地种业科技股份有限公司；天合种业：新疆天合种业有限责任公司；惠远公司：新疆惠远种业股份有限公司；金博种业：新疆金博种业有限责任公司；富全新科种业：新疆富全新科种业有限责任公司；硕丰种业：新疆硕丰种业有限公司；金宏祥高科：新疆金宏祥高科农业股份有限公司；大有赢得种业：石河子大有赢得种业有限公司；锦棉种业：新疆锦棉种业科技股份有限公司；西域绿洲种业：新疆西域绿洲种业科技有限公司；丰禾源种业：巴州丰禾源种业有限公司；巴州一品种业：巴州一品种业有限公司；塔河种业：新疆塔里木河种业股份有限公司；惠祥棉种公司：库尔勒惠祥棉种有限公司；前海种业：新疆前海种业有限责任公司；金丰源种业：新疆金丰源种业股份有限公司；神生种业：库尔勒神生种业有限责任公司；红太阳种业：新疆红太阳种业有限公司；汇丰种业：新疆汇丰种业有限公司。下同。

（二）基因组DNA提取

取苗期植株幼嫩叶片，采用改良CTAB法结合自动磨样机快速提取棉花基因组DNA。具体步骤如下：

（1）将干燥后的植株叶片放入2.0mL离心管中并加入干净的钢珠，然后利用自动磨样机将其打碎；

（2）向离心管中加入800μL Solution I，30μL β-巯基乙醇，充分混匀，12 000r/min离心10 min，弃上清液。

（3）于沉淀中加入800μL Solution II，30μL β-巯基乙醇，轻摇混匀，65℃水浴40min，期间翻转混匀3次。

（4）加入800μL氯仿-异戊醇（V∶V=24∶1）混合液，翻转5～10min，12 000 r/min离心10min，将上清液转至新离心管，弃沉淀。

（5）于上清液加入等体积氯仿-异戊醇（V∶V=24∶1），轻摇3～5min，12 000r/min离心5min，再将上清液转至新离心管，弃沉淀。

（6）于上清液中加入等体积异丙醇（-20℃），轻摇30次混匀，静置10min，12 000r/min离心10min，弃上清液。

（7）于沉淀中加入70%乙醇洗涤，轻摇使乙醇与沉淀充分接触，倒掉乙醇，重复一次。

（8）使用90%乙醇洗涤一次，倒掉乙醇，通风干燥沉淀。

（9）加入200μL TE缓冲液，溶解DNA。利用紫外分光光度计检测DNA纯度和浓度，通过1%的琼脂糖凝胶电泳进一步确定其质量，-20℃保存备用。

（三）SSR分析

1.SSR引物来源　候选引物包括DPL、HAU、CGR、NAU、BNL和JESPR等几种类型，SSR引物信息来源于CMD数据库（http：//www.cottonmarker.org）、CottonDB数据库(http：//www.cottondb.org)以及相关文献资料中已公布的引物。筛选出已定位于棉花染色体上的SSR标记共计586对，引物由华大科技（深圳）有限公司合成。

2.SSR-PCR扩增　PCR反应体积为10μL，包括DNA模板（60ng/μL）1μL，正、反向引物（4pmol/μL）各0.5μL，10×缓冲液1μL，dNTPs（2.5 mmol/L）0.2μL，Taq酶（5 U/μL）0.1μL和ddH$_2$O 6.7μL。

PCR反应程序为：94℃预变性3min；然后30个循环包括94℃变性45s，55℃退火35s，72℃延伸45s；72℃延伸12min；4℃保存待测。

3.电泳分析　SSR扩增产物采用8%的非变性聚丙烯酰胺凝胶电泳进行检

测，详细步骤如下：

（1）制备电泳样品　向10μL PCR产物中加入1.2μL上样缓冲液（2.5mg/mL溴酚蓝、40%（m/V）蔗糖），充分混匀。

（2）8%非变性聚丙烯酰胺凝胶的制备　首先，用自来水清洗干净所需长、短玻璃及梳齿，并用去离子水润洗后擦干；接着，将玻璃板按要求安装（胶的厚度为1.0mm），用1%的琼脂糖凝胶封底；等底部琼脂糖凝固后，将底部封好的胶框轻放至电泳槽中，使胶框保持水平，把螺栓拧紧；灌胶前在一定体积的8%非变性聚丙烯酰胺溶液中，加入0.1%体积的TEMED溶液和0.5%体积的10%过硫酸铵溶液，混匀后立即灌胶；最后及时插入梳齿，完成凝胶的制备。

（3）电泳　待凝胶凝固后，向电泳槽中加入1×TBE电泳缓冲液，中间的液面应漫过内侧的玻璃板上缘，两侧的液面应到电泳槽1/3处；松动梳齿后缓慢拔出；每孔加样1～3μL；200～250V恒压电泳1～2h，溴酚蓝指示剂电泳至底部即可。

（4）拆胶　关闭电源，取出玻璃板；将两块玻璃板轻轻撬开，做好标记后将凝胶从玻璃板上剥下。

4.银染　电泳分离的SSR片段用银染法染色，详细步骤如下：

（1）将凝胶浸入固定液中，置于摇床上轻摇10min；

（2）倒去固定液，加入渗透液，渗透12min；

（3）倒去渗透液，用适量ddH$_2$O快速漂洗2～3次，每次时间约20s；加入显影液，轻摇至显出清晰的条带；

（4）倒去显色液，用ddH$_2$O漂洗2～3次，可及时在胶片观察灯上直接记录或用数码相机照相记录，或将胶片用保鲜膜包裹保存以待观察记录。

（5）数据记录　电泳结束后采用"0，1"记带法处理条带，将图形资料转换成数据资料，根据引物扩增结果，在相同迁移位置上出现清晰条带时记作"1"，没有条带时记作"0"。利用POPGENE统计每对引物在120个棉花品种中扩增的等位基因数，计算有效等位基因。选用NTSYS-pc V2.10计算DICE遗传相似性系数，用UPGMA法进行聚类分析。

四、棉花指纹图谱SSR核心引物筛选

（一）SSR引物初筛

引物的筛选是构建DNA分子指纹图谱的重要环节。引物初筛选用8份遗传差异较大的新疆陆地棉品种，其中包括新陆早系列4份，新陆中系列4份，这些品种真实且纯度较高，并且在生产中应用广泛。因此，作为引物初筛的材料其结果具有很好的代表性。通过对586对 SSR 引物的扩增，根据多态性高、谱带清晰、扩增稳定的原则，经综合评价后得到190对初筛引物。这些引物最少扩增出2条带，最多为9条带。190对初筛引物分布于棉花26条染色体，每条染色体上的标记数信息见图1-1，其中第20号染色体包含标记数最多，为10个SSR标记；第5、6、17、19号染色体包含标记个数均为9对；其余染色体上标记个数为6～8个；平均每条染色体上7.3个标记。

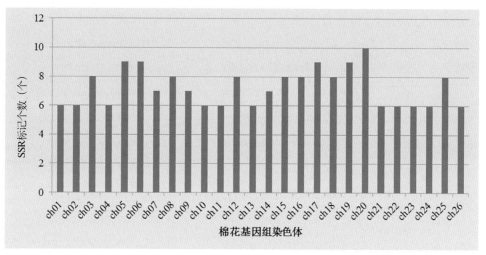

图1-1　SSR标记的染色体分布图

（二）引物复筛与核心引物的确定

引物复筛材料选取具有广泛代表性的120份新疆陆地棉品种，其中包括62份新陆早品种、57份新陆中品种和军棉1号。以初筛入选的引物作为复筛的候选引物，按照引物筛选的4个原则，其中包括：①引物多态性高级鉴别能力强；②引物扩增谱带清晰度高易分辨；③引物扩增出的基因型个数丰富；④引物在染色体上分布均匀。综合评价候选引物的多态性高低、谱带清晰度、扩增稳定性等条件，并根据在染色体上分布情况，经过充分的比较判断，确定出3套适用于新疆陆地棉品种SSR分析的核心标记，每套26对标记，引物信息见表1-2、表1-3与表1-4。每套标记的选择按照染色体分布原则，每条染色体选择1对综合表现最好的引物；第二、三套标记是第一套的补充，共78对核心标记。

表1-2 第一套核心引物

引物名称	染色体定位	正向引物序列	反向引物序列
NAU2083	ch01	AGAAGAGGTTGACGGTGAAG	TGAGTGAAGAACCTGCACAT
NAU2277	ch02	GAACTAGCCACATGATGCAC	TTGTTGAGGCATTAGTTTGC
NAU1071	ch03	ACCAACAATGGTGACCTCTT	CCCTCCATAACCAAAAGTTG
BNL530	ch04	CGTAGGATGGAAACGAAAGC	GCCACACTTTTCCCTCTCAA
HAU1384	ch05	CCACCACTGTCACTCTCAAA	CCTGAACGATGGCTAGAACT
CGR5651	ch06	TTTGGCTTAGCATTTGGAGG	CCGATCACTGTCCGTCTCTT
BNL1694	ch07	CGTTTGTTTTCGTGTAACAGG	TGGTGGATTCACATCCAAAG
NAU5128	ch08	TGCCTATAAGGGAAATGGAG	GCCCATTTGATCCATATTGT
CGR5707	ch09	AAACCCGATATCCTTAGCCTTT	GGAAAGGAGGAAGAGGAGGA
NAU879	ch10	AGGAACCGATTCAAAGCTAA	TTTCCCCATTCTTGGTTAAG
BNL3442	ch11	CATTAGCGGATTTGTCGTGA	AACGAACAAAGCAAAGCGAT
DPL917	ch12	GTTGCTGAGGAATGGGAAGA	TGTGCAATTTGTGACCACCT
CGR5576	ch13	CGGTTCAACCCGACTGTTT	GAGGAAAGAAAGGAAGAGAGG
CGR5876	ch14	GCTGCATCAAGCATGTGG	TTGCCCTAAAGGGAAGATGA
NAU3736	ch15	CATGTGCATTTCATCCTGTC	CCAAGTGAGAGGCATTTTCT
MUSS95	ch16	GCAACCATTAATTAAGCAAGTAA	CGAAGAATATGTGAACCTACAG
HAU1413	ch17	CTGACTTGGACCGAGAACTT	AACCAGGACCGATGAAATAA
TMB2295	ch18	TGAGTTCATGTTCCCCACTG	CTAAACATACTCTGTCAAACAC
BNL3977	ch19	ATCCAAACCAACCATGCAAT	GAAGGGGTTTTGCATTTCAA
JESPR190	ch20	GCCCGCCATCTTTGAGGATCCG	GGCAAAACTTGACAATTTTCTC
JESPR158	ch21	CACCATTCGGCAGCTATTTC	CTGCAAACCCTAGCCTAGACG
NAU2291	ch22	CCCATGATCAAAAGACAACA	GCTTAAAGATCGAGGACGAA
JESPR13	ch23	GCTCTCAAATTGGCCTGTGT	GGTGGAGGCATTCCTGCTAAC
BNL3452	ch24	TGTAACTGAGCAGCCGTACG	GCCAAAGCAGAGTGAGATCC
BNL3937	ch25	ACATCAAACAAAGCAAGCCA	ATCTCTGTTTTCTCCCCCGT
NAU1042	ch26	CATGCAAATCCATGCTAGAG	GGTTTCTTTGGTGGTGAAAC

表1-3　第二套核心引物

引物名称	染色体定位	正向引物序列	反向引物序列
NAU3254	ch01	GCTTTGCTTTGGAATGAGAT	TTGGTGCAGATAGCAAGAAA
NAU2265	ch02	CAATCACATTGATGCCAACT	CGGTTAAGCTTCCAGACATT
NAU5233	ch03	GGCCTAAGCCAAATACACAG	AGCCTATCATAATCGCGAAG
MUSS101	ch04	AGCCTCTCTCTCCTTCAGGC	GAGTCATATCGCTTGGGAGC
DPL384	ch05	CCCTTCACTGTACAATACCTGGA	TTGGACATAATGACCTAGCGTATG
DPL566	ch06	AAAGAATCATACCCACCACTTGAC	TCTAGCCGTATACATCTCCTTTCC
CGR5181	ch07	GCCTTGTTTGGGAGCTATGA	CTGCAACACTCCTTGGTTCA
BNL3255	ch08	GACAGTCAAACAGAACAGATATGC	TTACACGACTTGTTCCCACG
DPL524	ch09	AGAGCCATACTTATTTACGTGCCC	GAGTAACTCAAATAGCAAGCAGCC
BNL1161	ch10	CATCTCCTCTGGAAAGAGCG	ATGAAGCAGCACATTCCATG
BNL1151	ch11	AAAGTAGCAGCGGTTCCAAA	GAGCCGCTTCTGTAGCTTCA
DPL531	ch12	TTAGTTCTAAGGAGGCACATGACC	CATGATACTCCTATTTCTGGTGCC
DPL398	ch13	CAAATCAAGGAGGAGTATTGAAGC	CACCACCTACTACCACTAATTCCAA
JESPR156	ch14	GCCTTCAATCAATTCATACG	GAAGGAGAAAGCAACGAATTAG
MUSS440	ch15	CAACCGAAACAAGCTAACACC	CAAGAATCCATTTCTTCCCG
CGR5796	ch16	AAGCAGCCGAGTAGTTCACC	CAGGGTATTGTGCCAAAGGT
HAU2786	ch17	AGAATGGCATCTGAAGGCGAGA	GGGTCGTTTTGTGCCACTGC
BNL1721	ch18	TGTCGGAATCTTAAGACCGG	GCGCAGATCCTCTTACCAAA
NAU1102	ch19	ATCTCTCTGTCTCCCCCTTC	GCATATCTGGCGGGTATAAT
GH277	ch20	TACTAAAACCAAGGCAATAAAGTGA	CACCACCTTCCATATATCTTGCTC
DPL522	ch21	CCAGTAACCCATATCTAAACCCAA	ATGCAGTTCTTGAAGTTGCTCAC
NAU5099	ch22	GCTGTGAGTTTGTGCTTTCC	GACAGAACTCTGGAGCGAAT
NAU3732	ch23	TGGTAAACCCGTAAATCACC	GCTTTCCGTTTTTCCACTTA
HAU1846	ch24	CCGTACAATTTGTTCCTTCC	CTCCCATAACGCCATAAAAC
NAU2687	ch25	CTGAGACTGTCCATGTCCAA	ATCTGGGTTTTCCCTTTTTC
MGHE44	ch26	ACCACTTGGGATTGGTTCAA	GAGGCCACCACATATCGTTT

表1-4　第三套核心引物

引物名称	染色体定位	正向引物序列	反向引物序列
NAU5163	ch01	GACTCCCACCCTAACAACAG	TTTTGCAAGAATCCTTCTCC
DPL568	ch02	CAAGTTTGCTACTTTGGTCTCAATC	TTACGCGTCTACATTTCAACACTC
NAU1190	ch03	CCATGTCCGTATCCATGTTA	TAAGGCAAGATAGGGTCAGG
BNL3994	ch04	TTGAGGGCATCCAAATCCAT	CCTCCACCATACACGTGCTA
NAU3036	ch05	ATCTTGGGAATCTCAAATGG	TGCTCCGATGAGTATTCAAA
NAU874	ch06	AAATGGCGTGCTTGAAATAC	TGTGATGAAGAACCCTCTCA
NAU1085	ch07	AGTCGCCCCTTCTCTAATTT	TGTAAACCGAACTCGTTGTG
DPL176	ch08	GAAACTGGGAGTGAAAGAACAAGT	TGGATGTTAGCTTTGGTTTACCC
NAU3052	ch09	CGCAGCCTTTTCCTTTTT	ACAAGCAAGCGATTCATACA
DPL149	ch10	GACTCTTGCTGAGTTTGTACCTCC	CGTTGTACCTACGGATTTCATGT
DPL863	ch11	ACGCCTTGGTTTGCTTCTAC	TCGGCGATCAAATACTAACTTG
NAU3897	ch12	CTCCAATTGGGTCATCATTC	GTACTCTTCAATCGGCCTTT
BNL1421	ch13	TGAAGATTTGGAGGCAATTG	GAAATCAAGCCTCAATTCGG
TMB71	ch14	GGCGGTCCCATGGTAGTAAT	CGAACTATGACTCAATCCACC
NAU2343	ch15	GCTTTGCTTTGGAATGAGAT	ATACTGCAACCCCTCACACT
JESPR292	ch16	GCTTGCAATCTCCTACACC	GAATATGTTTCATAGAATGGC
HAU119	ch17	CACCCTTTTGTTTCTCAAGG	TCCTTATTACCCCCAAGAGG
NAU2980	ch18	AGCCCGTCATCTTGTTATTC	AACGGTCCCGTCTATGATAA
NAU3110	ch19	CCAAGGATATGAACCAAAGG	CGTGAACACCATGTCAGTCT
CM45	ch20	GATGCCAGTAAGTTCAGGAATG	GCCAACTTATATTCGGTTCCT
NAU1103	ch21	GGAGCCAGAAGTTGAGAAAA	TTCGGCTTCTGCTTTTACTT
DPL562	ch22	ACACTTCATTTCTCAGGTGAT	ACAAGGATGAAGAAGATTCAGA
NAU5508	ch23	GTTTCCCTCGGTTTAGGTTT	TTTGAATTCCTCATCGGATT
BNL1521	ch24	TGAAGAAAGAAAAAGAGAAA	CTCACCACGTGGCACTTATG
DPL702	ch25	GATCTCTCTATCAACGACCAG	CAACCGTCCGTCATTAGTGTAAT
BNL2495	ch26	ACCGCCATTACTGGACAAAG	AATGGAATTTGAACCCATGC

　　复筛获得的78对核心标记在120份材料中均能检测到2种以上的等位变异，平均等位变异数5.03个。不同SSR位点所检测到的等位变异不同，变化范围介于2～9。位于2号染色体上的标记MUSS101和位于3号染色体上的标记NAU1071、DPL568检测到等位变异数是最少的，仅仅有2个；位于10号染色体上的标记DPL149检测到等位变异数是最多的，有10个。以上3套引物均满足构建指纹图谱所需标记的基本要求。

随着分子生物学的不断发展，SSR分子标记被广泛地应用于作物的遗传多样性分析及品种鉴定。吴则东等利用130对SSR引物以及70对EST-SSR引物，对在中国种植面积较大的16个进口甜菜品种进行引物筛选，筛选得到24对多态性高、谱带清晰、稳定性好的核心引物。房冬梅等为了探究油葵SSR-PCR最佳反应体系，选用控制变量法，对影响SSR反应体系的主要因素进行了优化研究，并利用优化后的体系对50对候选引物进行筛选，结果得到19对核心引物。马冰等利用2 317对SSR候选引物对5份遗传背景差异较大的烤烟品种进行初步筛选，筛选得到70对引物。进一步选用20份不同来源的烤烟品种，对初筛引物进行复筛，最后确定了适合烤烟品种SSR分析的24对核心标记。品种指纹图谱及真实性判定标准是根据最终筛选的SSR核心引物建立的，准确有效的核心标记是进行品种鉴定、构建指纹图谱的重要前提。因此，筛选核心引物是十分重要的环节。

所筛引物是否具有较强代表性与适用性，引物筛选材料的选取是关键。本书最先重视试验材料的选择，试验所选用的120份材料是从1979年至2013年这40年间新疆在生产上广泛推广应用的陆地棉品种，包括军棉1号、新陆早系列62份和新陆中系列57份，代表了新疆陆地棉整体育种水平。以这些具有广泛代表性的品种经过引物的初筛与复筛这两个阶段，依据引物筛选原则，结合综合评价与比较，共筛选得到78对适用于新疆陆地棉品种SSR分析的核心引物。相关研究指出，位于不同染色体上的SSR标记所检测出的遗传信息也存在明显不同。刘国栋等认为选择标记时，想要全面完整地评价种质特性，所选标记应尽量覆盖到棉花的26条染色体。本研究筛选得到的78对SSR核心标记，均匀分布于棉花26条染色体，平均每条染色体上选取3对表现最佳的引物。像这样每条染色体上选择一对引物，能最大限度地减少位点间的连锁，以保证进行SSR分析时结果的可靠性。从理论上而言，所选核心标记大致上能够代表整个基因组的遗传信息，完全可以用于棉花品种指纹图谱的构建及品种的鉴定。

五、新疆陆地棉品种分子指纹构建

棉花是我国重要的经济作物，优良品种是保证其获得高产的基础。近年来，随着棉花育种技术的快速发展，新培育出的棉花品种越来越多，品种"多、乱、杂"现象也随之出现，严重影响棉花产业的健康发展。同时，由于骨干亲本的反复使用与转基因技术在棉花育种中的应用，导致品种间遗传差异越来越小，仅依据传统形态学难以满足品种鉴定需求。DNA分子标记技术的发展促进了品种鉴定技术的进步，通过构建DNA指纹图谱进行品种快速鉴定是品种鉴定技术的发展趋势。与其他分子标记相比，以微卫星序列为基础的SSR标记具有扩增稳定、多态性好等优点，被广泛地应用于水稻、小麦、玉米、大豆、马铃薯等作物的指纹图谱构建及遗传多样性分析中。利用 SSR 分子标记对棉花品种进行鉴定，构建指纹图谱，对棉花品种鉴别具有重要意义。

现阶段针对新疆陆地棉品种开展DNA指纹图谱构建及应用的研究还较少。本书采用SSR标记构建120份新疆陆地棉品种指纹图谱并进行品种间遗传关系分析，为品种DNA指纹鉴定提供技术支撑，为新疆陆地棉品种DNA指纹数据库的构建奠定基础。

本书所选用的78对SSR标记是筛选出的核心标记，平均每条染色体上3对，SSR引物由华大科技（深圳）有限公司合成。根据PCR产物在电泳凝胶上的相对位置，每对引物生成的不同基因型直接编号，构建120份新陆早棉花品种的DNA分子指纹图谱。其中电泳结果采用0，1系统记录谱带位置，某一扩增条带有带记为1，无带记为0，将每对引物在品种间扩增得到0，1（二进制）数据转化成十进制数据，该十进制数据代表每个引物扩增的结果，则鉴定所需引物的十进制数字串作为每一个品种的数字指纹。

通过分析17个品种具有特征谱带（表1-5），仅用1个特征引物即可与其他品种区分开。其中新陆早4号、新陆早9号、新陆早24、新陆早34、新陆早36、新陆早52、新陆中6号、新陆中8号、新陆中15、新陆中28、新陆中41、新陆中42、新陆中59、新陆中60，均具有1个特征引物；新陆早41与新陆中31具有2个特征引物；新陆中43具有4个特征引物。如图1-2所示，引物NAU2083是新陆中31与新陆中43的特征引物，引物NAU2083在新陆中6号、新陆中31、新陆中43和新陆中59这4个品种上表现出特征谱带，且将其余116个品种区分为12个类型，表明该引物多态性较丰富，在进行品种指纹鉴定时可优先采用。

表1-5　具有特征引物的棉花品种

品种	特征引物	品种	特征引物
新陆早4号	NAU5128	新陆中6号	NAU2083
新陆早9号	NAU2343	新陆中8号	BNL1161
新陆早24	NAU5128	新陆中15	NAU5128
新陆早34	HAU1413	新陆中28	HAU1413
新陆早36	DPL524	新陆中41	NAU2343
新陆早52	BNL1161	新陆中42	CGR5576
新陆早41	NAU879、NAU2343	新陆中59	NAU2083
新陆中31	NAU5128、NAU2083	新陆中60	HAU1413
新陆中43	NAU2083、NAU2343、MUSS95、TMB2295		

从78对核心引物中挑选多态性相对丰富的引物进行组合鉴别，选择NAU2083、CGR5651、BNL1694、CGR5707、CGR5576这5个引物进行组合可以鉴别120个品种中的76个品种，增加MUSS95、HAU1413这2个引物可鉴别品种增加到105个，剩下15个品种可以利用TMB2295、BNL3937、NAU1102、

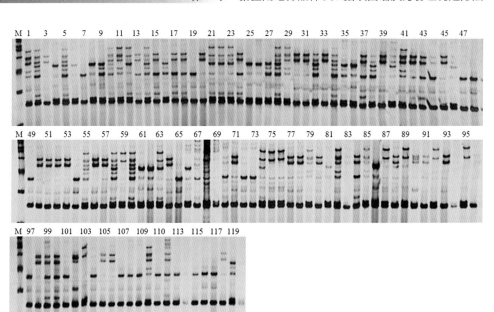

图1-2 引物NAU2083对120份棉花品种的扩增结果

注：1～119含义同表1-1，指代品种编号。下同。

GH277、NAU3732这5个引物组合区分开，即采用以上12个引物可将120份品种完全区分开。

图1-3为引物CGR5796对120份品种的扩增电泳图谱。因此，可用这12对引物的指纹信息构建新疆陆地棉品种的指纹图谱（表1-6）。

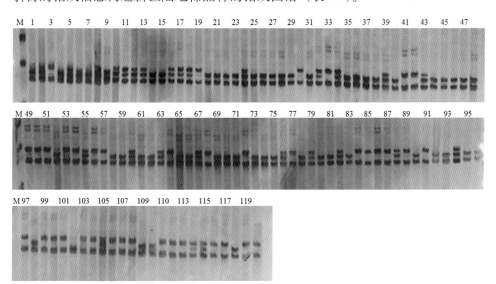

图1-3 引物CGR5796对120份棉花品种的扩增结果

表 1-6　120份棉花品种的SSR指纹图谱

编号	品种	NAU2083—CGR5651—BNL1694—CGR5707—CGR5576—MUSS95—HAU1413—TMB2295—BNL3937— NAU1102—GH277—NAU3732
1	新陆早1号	311-015-438-255-007-026-079-026-051-126-004-220
2	新陆早2号	447-015-486-195-007-031-111-031-035-126-002-223
3	新陆早3号	262-011-486-255-007-021-079-030-035-084-004-192
4	新陆早4号	392-014-438-195-007-026-074-026-035-084-002-220
5	新陆早5号	447-015-438-255-006-031-111-030-059-126-005-220
6	新陆早6号	392-014-438-140-007-026-102-021-035-102-004-211
7	新陆早7号	288-014-365-195-006-026-069-021-035-084-004-199
8	新陆早8号	392-014-365-140-007-031-069-026-051-092-0020220
9	新陆早9号	440-014-438-140-007-026-103-029-035-092-004-251
10	新陆早10号	447-014-438-140-007-031-103-028-035-126-004-203
11	新陆早11	439-014-502-140-005-031-103-028-051-126-006-220
12	新陆早12	395-015-438-140-031-103-029-035-126-004-251
13	新陆早13	294-014-365-207-007-031-103-028-035-084-002-204
14	新陆早14	447-014-502-140-007-026-103-028-051-126-004-220
15	新陆早15	294-014-438-140-007-026-103-026-035-126-001-220
16	新陆早16	440-015-422-207-007-031-101-020-035-084-004-192
17	新陆早17	294-014-486-207-007-031-103-026-051-084-002-251
18	新陆早18	294-014-486-207-007-031-069-020-051-126-006-192
19	新陆早19	288-014-365-140-005-031-079-020-051-084-002-192
20	新陆早20	262-014-438-195-007-026-101-030-051-084-004-192
21	新陆早21	395-014-438-195-007-026-102-021-051-102-001-220
22	新陆早22	395-014-438-255-007-026-103-029-051-084-006-251
23	新陆早23	395-015-438-255-003-026-069-029-051-126-002-220
24	新陆早24	422-014-493-195-007-031-111-031-059-084-006-220
25	新陆早25	392-014-438-195-007-026-069-029-051-084-002-220
26	新陆早26	392-014-365-195-007-026-069-029-035-102-002-220
27	新陆早27	440-014-365-140-007-026-103-026-051-084-006-255
28	新陆早28	447-014-493-140-007-026-103-026-051-084-002-255
29	新陆早29	407-011-438-140-007-026-069-024-032-084-002-192
30	新陆早30	262-014-438-140-007-021-069-029-051-084-004-220
31	新陆早31	262-014-438-195-007-026-069-029-051-102-004-219
32	新陆早32	446-014-365-195-007-031-069-031-051-126-004-251
33	新陆早33	262-014-365-140-005-021-069-026-051-102-002-219
34	新陆早34	446-014-422-140-007-031-085-031-051-126-006-251
35	新陆早35	440-14-438-140-007-026-079-026-051-126-002-251

（续）

编号	品种	NAU2083－CGR5651－BNL1694－CGR5707－CGR5576－MUSS95－HAU1413－TMB2295－BNL3937－　NAU1102－GH277－NAU3732
36	新陆早36	424-014-438-140-007-026-079-026-055-084-004-220
37	新陆早37	294-014-438-195-007-026-069-031-035-126-005-251
38	新陆早38	440-014-438-140-007-026-103-026-035-126-004-220
39	新陆早39	262-015-493-255-007-031-103-031-055-126-006-251
40	新陆早40	392-014-438-140-007-026-069-026-051-084-002-219
41	新陆早41	439-011-438-140-007-021-103-029-059-110-004-220
42	新陆早42	262-014-438-140-007-021-103-026-035-084-002-195
43	新陆早43	294-014-422-140-007-031-079-026-055-126-002-252
44	新陆早44	288-014-365-195-007-026-102-026-035-084-002-220
45	新陆早45	262-014-493-255-007-026-069-026-035-102-006-195
46	新陆早46	392-014-438-140-007-026-100-026-032-102-002-192
47	新陆早47	288-014-365-140-007-026-098-026-032-084-004-195
48	新陆早48	288-014-439-140-005-026-069-026-051-118-002-219
49	新陆早49	288-014-365-207-005-021-102-021-051-084-004-220
50	新陆早50	262-011-438-195-007-021-101-026-051-084-004-220
51	新陆早51	262-014-438-140-007-021-069-026-055-084-004-195
52	新陆早52	262-011-438-140-007-026-069-026-055-084-002-220
53	新陆早53	262-014-438-140-007-021-069-026-035-102-002-219
54	新陆早54	288-014-365-140-007-021-069-026-055-102-002-220
55	新陆早55	447-015-438-140-007-031-111-031-051-102-006-219
56	新陆早57	390-011-438-140-007-021-069-029-055-102-004-220
57	新陆早58	262-014-438-140-007-021-069-026-051-084-002-219
58	新陆早59	447-014-438-195-007-026-103-029-055-126-006-220
59	新陆早60	387-014-438-140-007-026-069-026-051-126-004-219
60	新陆早61	447-014-365-255-007-031-069-031-051-110-006-251
61	新陆早62	424-014-438-140-007-026-102-026-051-102-002-220
62	新陆早63	424-014-438-255-007-026-102-026-051-102-002-220
63	军棉1号	395-015-438-255-007-031-111-021-063-126-006-239
64	新陆中1号	262-011-438-140-005-021-102-021-051-084-004-204
65	新陆中2号	288-011-439-195-007-026-101-026-035-084-002-220
66	新陆中4号	392-014-438-195-007-026-069-029-051-084-002-204
67	新陆中5号	288-015-438-140-007-031-074-026-051-084-004-219
68	新陆中6号	442-011-438-255-007-021-079-031-051-084-004-204
69	新陆中7号	384-014-438-140-007-026-079-026-051-126-003-239
70	新陆中8号	288-014-438-140-007-026-069-029-051-102-001-204

（续）

编号	品种	NAU2083—CGR5651—BNL1694—CGR5707—CGR5576—MUSS95—HAU1413—TMB2295—BNL3937— NAU1102—GH277—NAU3732
71	新陆中9号	262-014-438-140-007-026-074-026-051-102-001-220
72	新陆中10号	288-014-365-140-005-021-074-026-051-084-002-220
73	新陆中11	288-014-438-195-005-026—69-026-051-084-002-195
74	新陆中12	395-014-438-255-007-026-079-026-059-084-006-195
75	新陆中15	387-014-438-195-007-026-102-021-051-084-004-204
76	新陆中16	387-014-438-255-007-031-069-021-059-102-004-235
77	新陆中17	262-014-438-140-007-021-111-021-051-084-004-220
78	新陆中18	262-011-438-140-003-026-069-021-051-102-001-204
79	新陆中19	439-011-486-131-007-031-101-021-032-102-001-192
80	新陆中20	262-011-365-140-007-026-102-021-035-084-004-204
81	新陆中21	392-014-438-140-007-026-069-026-034-084-002-192
82	新陆中22	439-015-438-140-007-031-079-021-059-102-004-220
83	新陆中23	256-010-438-140-007-026-064-024-035-084-007-192
84	新陆中25	294-015-365-140-005-021-074-021-035-102-001-192
85	新陆中26	439-015-502-140-007-021-103-021-059-118-001-239
86	新陆中27	424-011-438-140-007-021-074-021-059-110-004-192
87	新陆中28	387-015-438-195-005-021-110-021-055-102-004-220
88	新陆中29	262-014-438-140-007-031-111-029-051-102-006-204
89	新陆中30	387-011-438-140-007-021-103-021-034-116-004-192
90	新陆中31	262-014-438-255-007-026-096-029-035-102-004-192
91	新陆中32	262-014-438-142-007-021-069-021-035-084-002-192
92	新陆中33	387-011-438-140-007-026-069-026-032-084-002-192
93	新陆中34	262-014-365-140-007-026-069-026-051-084-002-211
94	新陆中35	256-014-422-140-002-031-064-028-032-084-004-192
95	新陆中36	387-011-438-142-005-026-074-021-034-102-004-204
96	新陆中37	256-011-422-195-007-026-096-020-034-084-004-192
97	新陆中38	288-014-341-140-005-021-074-026-039-110-004-220
98	新陆中39	262-014-426-255-007-026-102-021-051-092-002-220
99	新陆中40	294-014-426-140-003-021-069-026-051-110-001-220
100	新陆中41	294-014-426-140-007-021-079-026-051-110-003-220
101	新陆中42	288-011-345-195-001-021-069-026-055-084-002-219
102	新陆中43	326-014-438-140-005-016-079-030-063-117-004-206
103	新陆中44	387-011-394-140-007-021-069-021-053-102-004-204
104	新陆中45	288-014-345-140-007-021-074-021-035-102-001-204
105	新陆中46	262-011-394-140-005-031-103-029-039-110-004-204

（续）

编号	品种	NAU2083－CGR5651－BNL1694－CGR5707－CGR5576－MUSS95－HAU1413－ TMB2295－BNL3937－ NAU1102－GH277－NAU3732
106	新陆中47	262-014-426-140-005-021-074-026-055-110-002-204
107	新陆中48	288-010-341-140-007-021-102-026-051-092-004-219
108	新陆中50	288-014-341-140-007-021-106-026-051-110-004-219
109	新陆中54	288-014-426-140-007-026-074-026-039-092-004-219
110	新陆中56	439-014-373-195-005-026-103-021-051-084-002-192
111	新陆中58	288-014-373-140-003-021-074-021-032-102-005-204
112	新陆中59	295-014-502-140-007-021-079-021-055-102-004-220
113	新陆中60	288-014-373-142-005-021-094-026-039-110-007-192
114	新陆中61	256-014-422-140-007-031-078-021-032-102-006-192
115	新陆中62	288-014-373-140-007-031-111-026-032-084-006-192
116	新陆中63	288-014-357-140-007-021-111-031-051-126-006-192
117	新陆中64	288-014-373-140-006-021-074-026-055-110-002-220
118	新陆中65	262-014-426-140-007-026-074-021-039-102-004-220
119	新陆中68	440-014-426-140-007-021-079-029-039-102-005-220
120	新陆中69	256-014-426-140-007-021-064-028-039-102-005-192

　　品种DNA指纹图谱鉴定主要有3种方法，具体包括特征谱带法、引物组合法和核心引物组合法。本书中120个棉花品种中17个品种在24个标记位点上具有特征谱带，仅采用1个特征引物即可鉴别相应的品种，在进行品种DNA指纹图谱检测时，使用起来简单便捷。就本研究而言，只有少部分品种具有特征引物，若要获得更多品种的特征引物还需进行大量的引物筛选工作，且随着品种数目的扩增，原来在某品种上表现为特征谱带的引物，有可能在其他品种上出现相同的带形，即特征谱带是相对的，只有在固定的材料范围内有效，鉴别能力相对有限。引物组合法通过不同引物的有限组合，可以大大提高引物的鉴别能力，本研究采用12对引物进行组合鉴别，可将120份棉花品种完全区分开。但随着品种数量的进一步增加，这12对引物组合的鉴别能力可能会逐渐降低，可根据实际检测情况适当增加引物组合的数量。本课题以新疆陆地棉品种为研究对象，拟构建新疆现有陆地棉品种的大型DNA指纹数据库，在分子水平上给每个品种一个能准确表明其身份的指纹图谱信息，以实现技术标准化适用化为目的，为DNA指纹图谱技术在棉花品种鉴定中的应用奠定基础。120份新疆陆地棉品种遗传相似系数矩阵和聚类结果表明，新疆陆地棉品种之间遗传多样性水平较低，说明品种之间遗传背景差异不大，遗传基础相对较窄，总体上遗传多样性不够丰富。

六、新疆陆地棉品种身份证的构建

棉花品种作为重要的农业生产资料，除了具有特定的生物学特性外，还具有典型的商品属性。为了更加准确、全面地描述品种的身份信息，笔者既借鉴了人类第三代身份证的表达模式，又充分考虑到棉花品种的商品特点，将棉花品种的商品信息、DNA分子指纹信息及特异基因识别信息有机结合起来，提出了棉花品种身份证的构建方案，科学表示品种信息，满足身份证的唯一性、可识别性和可追溯性等要求。并利用软件生成相应的条形码和二维码，有利于实现对棉花品种的溯源追踪和防伪。

借鉴安徽省地方标准《农作物品种身份证编码规范》（DB34/T 2082—2014）的规定，棉花品种身份证主要由3部分构成：第一部分为商品码，反映作物及品种类别、品种审定（或选育）的区域和时间等；第二部分为指纹码，反映品种的DNA分子指纹信息；第三部分为补充码，反映品种的特殊基因信息，如转基因品种所转入的外源目的基因等。将3类数据科学组合、规范排列，构成棉花品种身份证（图1-4）。

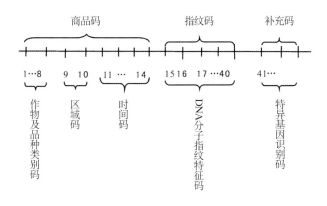

图1-4　棉花品种身份证编码模型图

（一）品种商品码

棉花品种的商品码由作物及品种类别码、区域码和时间码3类信息组成，共计14位阿拉伯数字。

作物及品种类别码：以8位阿拉伯数字标识棉花的作物及品种类别信息，第1～6位表示棉花种属的3级分类，棉花为经济作物-纤维作物-棉属，编码为

"040101"；第7位表示栽培种或亚种种类，亚洲棉代码为"1"，陆地棉代码为
"2"，海岛棉代码为"3"，非洲棉代码为"4"；第8位表示品种类型，杂交种代
码为"1"，不育系代码为"2"，恢复系或常规种代码为"3"。

区域码：用2位阿拉伯数字表示品种审定或育成的区域。以各省、市、自
治区的行政代码表示，如北京市审定品种以"11"表示，安徽省审定品种以
"34"表示等。国审品种以"00"表示，国外品种以"99"表示。当品种具多个
审定区域时，以初次审定或育成区域为准。若品种审定或育成区域信息不明确，
以"XX"表示。

时间码：用4位阿拉伯数字表示品种审定或育成的年份，如2000年审定用
"2000"表示，2011年审定用"2011"表示。当品种具多个审定编号或品种权号
所标注的时间不一致时，以初次审定或育成时间为准。若品种审定或育成时间
不明确，以"XXXX"表示。

（二）指纹码

DNA指纹作为品种重要的身份表征，是品种间区别鉴定的关键。利用26对
SSR引物构建的分子指纹特征码（指纹码）表示品种的DNA指纹信息。

（三）补充码

补充码表示品种携有的特殊基因信息，转基因育成品种用字母"T"标注
(其后面也可以加注所转入的基因，如转基因抗虫棉可以表示为T-Bt)，诱变育成
品种用字母"M"标注，分子标记辅助选择育成品种用字母"S"标注，常规选
育品种用字母"N"标注。

（四）品种身份证的表述形式

将品种的商品码、指纹码及补充码有机结合，构成棉花品种身份证。按照
中国物品编码相关国家技术标准《128条码》（CB/T 18347）和《快速响应矩阵
码》（CB/T 18284）的规范要求，通过软件将棉花品种身份证转换成对应的条形
码和二维码。利用品种的条形码或二维码身份证标识流通环节中的棉花种子，
可实现品种的信息追溯，为棉花品种的科学化和标准化管理提供便利。以下为
棉花品种身份证编码示例：

示例1：新陆早1号的品种身份证编码

商品码：040101 2365 1968。表示新陆早1号为棉属（040101，经济作物-
纤维作物-棉属），栽培种种类为陆地棉（2），品种类别为常规种（3），初次审
定区域为新疆维吾尔自治区（65），初次审定时间为1968年(1968)。

指纹码：311 015 438 255 007 026 079 026 051 126 004 220。即新陆早1号的

SSR分子指纹特征码。

补充码：N。表示新陆早1号为常规选育品种(N)。

因此新陆早1号的品种身份证为：040101236519683110154382550070260 79026051126004220N（图1-5）。

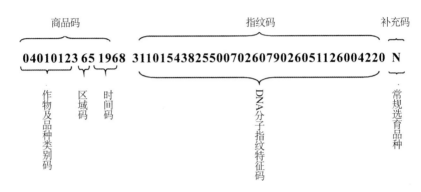

图1-5　新陆早1号的品种身份证编码模型图

品种身份证的表述形式：利用软件（http：//barcode.tec-it.com/）生成新陆早1号的条形码身份证（图1-6），利用软件 Encoder2 生成新陆早1号的二维码身份证（图1-7）。

图1-6　新陆早1号的条形码身份证

图1-7　新陆早1号的二维码身份证

示例2：军棉1号的品种身份证编码

商品码：040101 2365 1979。表示军棉1号为棉属（040101，经济作物-纤维作物-棉属），栽培种种类为陆地棉（2），品种类别为常规种（3），初次审定区域为新疆维吾尔自治区（65），初次审定时间为1979年（1979）。

指纹码：395 015 438 255 007 031 111 021 063 126 006 239。即军棉1号的SSR分子指纹特征码。

补充码：N。表示军棉1号为常规育成品种(N)。

因此军棉1号的品种身份证为：04010123651979395015438255007031111102
1063126006239N（图1-8）。

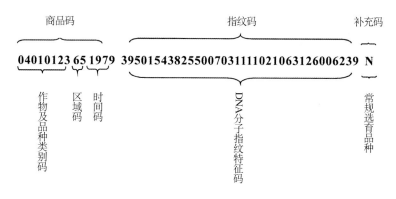

图1-8　军棉1号的品种身份证编码模型图

品种身份证的表述形式：利用软件（http：//barcode.tec-it.com/）生成军棉1号的条形码身份证（图1-9）、利用软件 Encoder2 生成军棉1号的二维码身份证（图1-10）。

图1-9　军棉1号的条形码身份证

图1-10　军棉1号的二维码身份证

七、新疆陆地棉品种资源数据库的构建

为便于棉花品种资源信息的采集，可以将棉花品种身份证、指纹图谱、农艺性状特征及来源等信息和物联网技术相结合，创建棉花品种资源数据库，建立品种识别鉴定和信息查询的网络平台。利用该平台不仅可以进行指纹图谱及品种身份证信息的检索、查询，比对鉴定，也可进一步实现对品种试验、生产、销售的全程监管。

棉花品种资源数据库具有以下功能：

(1)显示品种由36位数字组成的分子指纹特征码和41位品种身份证编码。

(2)显示品种图片、身份证条形码和二维码。

(3)显示品种的来源、遗传背景及主要农艺性状信息。

(4)可以在网络平台上进行品种差异的两两比较和多重比较，查询品种间的遗传相似性。

(5)根据受检品种的指纹资料，可以快速查找在库品种，确定其是否名副其实，同时找出遗传最相似的在库品种。

棉花品种资源数据库的建立可以实现数据资源的开放共享，为检测单位和育种工作者提供一个便利的网络数据交换和共享平台，可以为品种的选育、试验、管理、评价、仲裁提供技术上的参考和支撑。本书提供了120个品种资源数据的静态资料(动态的比对和查询可关注相关网站)。若进行品种区别和真实性鉴定可按附录提供的标准方法。

以57份新陆中品种及军棉1号为材料构建DNA指纹图谱。构建指纹图谱的主要方法包括特征谱带法和引物组合法。选用12对SSR引物进行组合鉴定，可将这58份棉花品种完全区分开。各指纹图谱包括SSR指纹图谱十进制码、品种身份证条形码及二维码身份证等信息。

一、军棉1号

选育单位：新疆农二师塔里木良种繁育试验站

遗传背景：司1470×（五一大铃＋147大＋司1470＋早落叶棉＋司3521＋新海棉＋2依3）

审定信息：于1979年经新疆维吾尔自治区农作物品种审查委员会审定通过

特征特性：生育期136d，株高75.0cm，株型较紧凑，属塔形，铃卵圆形，嘴微尖，铃面油点显著。单铃重7.2g，籽指13.9g，衣分38.6％，2.5％跨长29.5mm，整齐度84.1％，马克隆值4.5，伸长率6.7％，比强度27.9cN/tex。不抗枯萎病和黄萎病。

军棉1号

SSR指纹图谱：395-015-438-255-007-031-111-021-063-126-006-239

品种身份证：0401012365197939501543825500703111102106312 6006239N

0401012365197939501543825500703111102106312 6006239N

军棉1号的条形码身份证

军棉1号

军棉1号的二维码身份证

二、新陆中1号

选育单位：巴州农业科学研究所

遗传背景：（巴州6017×上海无毒棉）×巴6017

审定信息：于1988年经新疆维吾尔自治区农作物品种审查委员会审定通过

特征特性：生育期139d，株高70.0cm，株型紧凑，铃卵圆形。单铃重7.2g，籽指13.6g，衣分40.4%，2.5%跨长30.0mm，整齐度83.5%，马克隆值4.6，伸长率6.8%，比强度27.7cN/tex。不抗枯萎病和黄萎病。

SSR指纹图谱：262-011-438-140-005-021-102-021-051-084-004-204

品种身份证：04010123651988262011438140005021102021051084004204N

04010123651988262011438140005021102021051084004204N

新陆中1号的条形码身份证

新陆中1号的二维码身份证

三、新陆中2号

选育单位：新疆农业科学院

遗传背景：麦克奈210×新陆201

审定信息：于1988年经新疆维吾尔自治区农作物品种审定委员会审定通过

特征特性：生育期145d，株高65.0cm，植株桶形，株型较紧凑，铃卵圆形。单铃重5.8g，籽指11.4g，衣分40.0%，2.5%跨长30.0mm，整齐度82.2%，马克隆值4.2，伸长率6.6%，比强度25.2cN/tex。耐黄萎病。

SSR指纹图谱：288-011-439-195-007-026-101-026-

035-084-002-220

品种身份证：040101236519882880114391950070261010260350840022208N

新陆中2号的条形码身份证

新陆中2号的二维码身份证

四、新陆中4号

选育单位：新疆农业科学院

遗传背景：岱字棉45选 × 新陆202

审定信息：于1992年经新疆维吾尔自治区农作物品种审定委员会审定通过

特征特性：生育期145d，株高70.0cm，植株桶形，株型较紧凑，铃卵圆形。单铃重5.7g，籽指11.2g，衣分38.0%，2.5%跨长30.5mm，整齐度82.1%，马克隆值4.0，伸长率6.7%，比强度26.8cN/tex。抗或耐黄萎病。

SSR指纹图谱：392-014-438-195-007-026-069-029-051-084-002-204

新陆中4号

品种身份证：040101236519923920144381950070260690290510840022048N

新陆中4号的条形码身份证

新陆中4号的二维码身份证

五、新陆中5号

选育单位：新疆农业科学院

遗传背景：陕721×108夫

审定信息：于1994年经新疆维吾尔自治区农作物品种审定委员会审定通过

特征特性：生育期146d，株高70.0cm，植株桶形，株型紧凑，铃卵圆形，铃咀尖。单铃重6.0g，籽指11.1g，衣分38.9%，2.5%跨长31.5mm，整齐度85.9%，马克隆值3.9，伸长率6.7%，比强度23.4cN/tex。耐黄萎病。

SSR指纹图谱：288-015-438-140-007-031-074-026-051-084-004-219

品种身份证：04010123651994288015438140007031074026051084004219N

新陆中5号

04010123651994288015438140007031074026051084004219N

新陆中5号的条形码身份证

新陆中5号

新陆中5号的二维码身份证

六、新陆中6号

选育单位：巴州农业科学研究所

遗传背景：巴州6017×上海无毒棉

审定信息：于1997年经新疆维吾尔自治区农作物品种审定委员会审定通过

审定编号：新审棉1997年009号

特征特性：生长期134d，株高68.0cm，植株塔形，铃大呈卵圆形。单铃重6.7g，籽指13.0g，衣分39.0%，2.5%跨长31.8mm，整齐度84.2%，马克隆值3.8，伸长率6.8%，比强度28.6cN/tex。耐枯萎病，感黄萎病。

SSR指纹图谱：442-011-438-255-007-021-079-031-051-084-004-204

品种身份证：04010123651997442011438255007021079031051084004204N

新陆中6号的条形码身份证

新陆中6号的二维码身份证

七、新陆中7号

选育单位：新疆生产建设兵团第一师农业科学研究所

遗传背景：85-113×中棉所12

审定信息：于1999年经新疆维吾尔自治区农作物品种审定委员会审定通过

审定编号：新审棉1999年007号

特征特性：生长期132d，株高70.0cm，植株塔形，株型清秀，铃卵圆形，4～5室。单铃重5.6g，籽指11.3g，衣分38.7%，2.5%跨长29.8mm，整齐度84.3%，马克隆值3.8，伸长率7.7%，比强度26.3cN/tex。高抗枯萎病，感黄萎病。

新陆中7号

SSR指纹图谱：384-014-438-140-007-026-079-026-051-126-003-239

品种身份证：0401012365199938401443814000702607902605112600 3239N

新陆中7号的条形码身份证

新陆中7号的二维码身份证

八、新陆中8号

选育单位：新疆维吾尔自治区种子管理总站

遗传背景：{ [C-8017×〈宁细6133-3 +（910依×陆地棉）F$_4$〉×11818×198]

F$_8$×（永年小双桃×594依）F$_5$}×海南野生棉

新陆中8号

审定信息：于1999年经新疆维吾尔自治区农作物品种审定委员会审定通过

审定编号：新审棉1999年008号

特征特性：生长期134d，株高70.0cm，植株塔形，铃卵圆形。单铃重5.9g，籽指12.2g，衣分42.5%，2.5%跨长32.7mm，整齐度84.7%，马克隆值3.8，伸长率6.8%，比强度22.3cN/tex。耐黄萎病，抗枯萎病。

SSR指纹图谱：288-014-438-140-007-026-069-029-051-102-001-204

品种身份证：04010123651999288014438140007026069029051102001204N

040101236519992880144381400070260690290511020001204N

新陆中8号的条形码身份证

新陆中8号的二维码身份证

九、新陆中9号

选育单位：新疆农业科学院

遗传背景：（系5×贝尔斯诺）×中棉所17

审定信息：于2000年经新疆维吾尔自治区农作物品种审定委员会审定通过

审定编号：新审棉2000年020号

特征特性：生育期130～135d，株高65.0cm，植株桶形，铃梨形，铃嘴尖有皱褶，铃大。单铃重6.5g，籽指12.7g，衣分38.4%，2.5%跨长31.3mm，整齐度85.8%，马克隆值4.8，伸长率6.8%，比强度29.4cN/tex。耐枯萎病，感黄萎病。

SSR指纹图谱：262-014-438-140-007-026-074-026-051-102-001-220

新陆中9号

品种身份证：04010123652000262014438140007026074026051102001220N

新陆中9号的条形码身份证

新陆中9号的二维码身份证

十、新陆中10号

选育单位：新疆农业科学院

遗传背景：乌兹别克斯坦杂交组合高代材料(95-10)系选

审定信息：于2000年经新疆维吾尔自治区农作物品种审定委员会审定通过

审定编号：新审棉2000年021号

特征特性：生育期130d，株高70.0cm，植株塔形，铃长卵圆形，4～5室，多为4室。单铃重5.7g，籽指13.2g，衣分37.6%，2.5%跨长30.3mm，整齐度85.6%，马克隆值3.8，伸长率7.6%，比强度22.3cN/tex。抗黄萎病。

SSR指纹图谱：288-014-365-140-005-021-074-026-051-084-002-220

品种身份证：04010123652000288014365140005021074026051084002220N

新陆中10号的条形码身份证

新陆中10号的二维码身份证

十一、新陆中11

选育单位：巴州农业科学研究所

遗传背景：巴州7648×K-202

审定信息：于2000年经新疆维吾尔自治区农作物品种审定委员会审定通过

审定编号：新审棉2000年022号

特征特性：生育期130～140d，株高70.0～80.0cm，植株筒形，株型紧凑，铃长卵圆形，5室为主。单铃重5.6g，籽指11.9g，衣分38.8%，2.5%跨长30.3～32.7mm，整齐度85.0%，马克隆值3.6～4.1，伸长率7.6%，比强度20.4～23.4cN/tex。抗黄萎病。

SSR指纹图谱：288-014-438-195-005-026-069-026-051-084-002-195

品种身份证：0401012365200028801443819500502606902605108400219 5N

新陆中11

0401012365200028801443819500502606902605108400219 5N
新陆中11的条形码身份证

新陆中11的二维码身份证

十二、新陆中12

选育单位：新疆岳普湖县

遗传背景：108夫系选

审定信息：于2000年经新疆维吾尔自治区农作物品种审定委员会审定通过

审定编号：新审棉2000年023号

特征特性：生育期140d，株高65.0～80.0cm，株型紧凑，铃大、卵圆形，多5室，铃尖呈星芒状。单铃重6.5～7.5g，籽指11.5g，衣分38.5%～39.5%，2.5%跨长29.0mm以上，整齐度83.2%，马克隆值3.8～4.6，伸长率6.7%，比强度27.5cN/tex。耐枯萎病，耐黄萎病。

新陆中12

SSR指纹图谱：395-014-438-255-007-026-079-026-059-084-006-195

品种身份证：0401012365200039501443825500702607902605908400 6195N

新陆中12的条形码身份证

新陆中12的二维码身份证

十三、新陆中15

选育单位：新疆农业大学

遗传背景：（ND25×3287）×ND25（回交4次）

审定信息：于2002年经新疆维吾尔自治区农作物品种审定委员会审定通过

审定编号：新审棉2002年030号

特征特性：生育期130d，株高62.0～65.0cm，植株塔形，铃卵圆形，铃嘴明显，表面光滑，色深绿。单铃重6.2～6.5g，籽指11.6g，衣分41.0%，2.5%跨长32.3mm，整齐度85.4%，马克隆值3.9，伸长率7.3%，比强度24.9cN/tex。抗或耐枯萎病，抗或耐黄萎病。

新陆中15

SSR指纹图谱：387-014-438-195-007-026-102-021-051-084-004-204

品种身份证：0401012365200238701443819500702610202105108 4004204N

新陆中15的条形码身份证

新陆中15的二维码身份证

十四、新陆中16

选育单位：新疆生产建设兵团第一师良种繁育场

遗传背景：新陆中5号×（中棉所17＋中棉所12＋中棉所19）

审定信息：于2003年经新疆维吾尔自治区农作物品种审定委员会审定通过

审定编号：新审棉2002年023号

特征特性：生育期135d，株高70.0～75.0cm，植株塔形，铃长卵圆形，铃面有明显的油腺，铃嘴较尖，铃壳较薄，多为5室。单铃重6.4g，籽指12.0g，衣分40.5%，2.5%跨长30.7mm，整齐度84.7%，马克隆值4.4，伸长率6.4%，比强度32.1cN/tex。耐黄萎病。

SSR指纹图谱：387-014-438-255-007-031-069-021-059-102-004-235

品种身份证：040101236520033870144382550070310690210591020042354N

新陆中16

040101236520033870144382550070310690210591020042354N
新陆中16的条形码身份证

新陆中16的二维码身份证

十五、新陆中17

选育单位：新疆生产建设兵团第一师良种繁育场

遗传背景：协作92-36×中棉所17

审定信息：于2003年经新疆维吾尔自治区农作物品种审定委员会审定通过

审定编号：新审棉2003年024号

特征特性：生育期142d，株高60.0～65.0cm，植株塔形，株型较紧凑，铃短卵圆形，铃面不光滑有明显的棱面，有明显的油腺点，多为4室。单铃重5.5g，籽指11.0g，衣分42.5%～43%，2.5%跨长30.5mm，整齐度85.3%，马克隆值4.2，伸长率6.7%，比强度22.0cN/tex。高抗枯萎病。

新陆中17

SSR指纹图谱：262-014-438-140-007-021-111-021-051-084-004-220

品种身份证：0401012365200326201443814000702111102105108400 4220N

新陆中17的条形码身份证

新陆中17的二维码身份证

十六、新陆中18

选育单位：中国彩棉集团

遗传背景：冀9119×辽棉10号

审定信息：于2003年经新疆维吾尔自治区农作物品种审定委员会审定通过

审定编号：新审棉2003年025号

特征特性：生育期139d，株高65.0cm，株型较紧凑，铃长卵形，4～5室。单铃重5.6g，籽指10.9g，衣分41.5%，2.5%跨长30.6mm，整齐度84.1%，马克隆值4.4，伸长率6.7%，比强度22.0cN/tex。抗枯萎病。

新陆中18

SSR指纹图谱：262-011-438-140-003-026-069-021-051-102-001-204

品种身份证：0401012365200326201143814000302606902105110 2001204N

新陆中18的条形码身份证

新陆中18的二维码身份证

十七、新陆中19

选育单位：新疆农业大学

遗传背景：新900品系 × 贝尔斯诺

审定信息：于2004年经新疆维吾尔自治区农作物品种审定委员会审定通过

审定编号：新审棉2004年007号

特征特性：生育期140d，株高65.0～70.0cm，植株塔形，铃卵圆形，铃嘴明显，棉铃表面光滑，深绿色。单铃重6.1g，籽指10.8g，衣分42.0%，2.5%跨长31.7mm，整齐度84.8%，马克隆值3.9，伸长率6.8%，比强度23.2cN/tex。高抗枯萎病，抗耐黄萎病。

SSR指纹图谱：439-011-486-131-007-031-101-021-032-102-001-192

品种身份证：04010123652004439011486131007031101021032102001192N

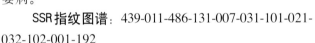

04010123652004439011486131007031101021032102001192N

新陆中19的条形码身份证

新陆中19的二维码身份证

十八、新陆中20

选育单位：天合种业

遗传背景：89-19× 中长绒棉材料33

审定信息：于2004年经新疆维吾尔自治区农作物品种审定委员会审定通过

审定编号：新审棉2004年009号

特征特性：生育期141d，株高60.7cm，植株塔形，铃长卵圆形有铃尖，多为4～5室。单铃重6.01g，籽指10.4g，衣分43.3%，2.5%跨长30.0mm，整齐度83.4%，马克隆值4.8，伸长率6.6%，比强度21.1cN/tex。高抗枯萎病，感黄萎病。

SSR指纹图谱：262-011-365-140-007-026-102-021-035-084-004-204

品种身份证：04010123652004262011365140007026102021035084004204N

新陆中20的条形码身份证

新陆中20的二维码身份证

十九、新陆中21

选育单位：新疆农业科学院

遗传背景：92D×引进的丰产抗病品系96-07

审定信息：于2004年经新疆维吾尔自治区农作物品种审定委员会审定通过

审定编号：新审棉2004年010号

特征特性：生育期139d，株高70.0cm，植株筒形，铃卵圆形，大小中等，铃面光滑，呈绿色，4～5室，铃壳较薄。单铃重6.0g，籽指10.1g，衣分43.8%，2.5%跨长29.4mm，整齐度85.9%，马克隆值4.3，伸长率6.5%，比强度28.3cN/tex。高抗枯萎病，耐黄萎病。

新陆中21

SSR指纹图谱：392-014-438-140-007-026-069-026-034-084-002-192

品种身份证：04010123652004392014438140007026069026034084002192N

新陆中21的条形码身份证

新陆中21的二维码身份证

二十、新陆中22

选育单位：红太阳种业

遗传背景：新陆中8号 × 抗病品系9658

审定信息：于2005年经新疆维吾尔自治区农作物品种审定委员会审定通过

审定编号：新审棉2005年027号

特征特性：生育期138d，株高66.3cm，植株筒形，株型紧凑，铃卵圆形。单铃重5.9g，籽指10.4g，衣分44.7%，2.5%跨长31.0mm，整齐度83.8%，马克隆值4.5，伸长率6.57%，比强度28.4cN/tex。高抗枯萎病、黄萎病。

SSR指纹图谱：439-015-438-140-007-031-079-021-059-102-004-220

品种身份证：04010123652005439015438140007031079021059102004220N

新陆中22

新陆中22的条形码身份证
040101236520054390154381400070310790210591020004220N

新陆中22的二维码身份证

二十一、新陆中23

选育单位：吐鲁番农业科学研究所

遗传背景：从独联体引进陆地棉高代材料(陆-4)系选

审定信息：于2005年经新疆维吾尔自治区农作物品种审定委员会审定通过

审定编号：新审棉2005年030号

特征特性：生育期120d，株高90.0～110.0cm，株型较紧凑，铃卵圆形，铃尖明显，铃面较光滑，深绿色，多为4室。单铃重5.5～5.7g，籽指10.5g，衣分40.9%，2.5%跨长31.8mm，整齐度84.5%，马克隆值4.4，伸长率6.8%，比强度33.6cN/tex。耐枯萎病，高抗黄萎病。

SSR指纹图谱：256-010-438-140-007-026-064-024-035-084-007-192

品种身份证：04010123652005256010438140007026064024035084007192N

新陆中23的条形码身份证

新陆中23的二维码身份证

二十二、新陆中25（新杂棉3号）

选育单位：康地种业

遗传背景：KA×6012R42

审定信息：于2006年经新疆维吾尔自治区农作物品种审定委员会审定通过

审定编号：新审棉2006年060号

特征特性：生育期132～134d，株高75.0～85.0cm，植株筒形，株型较紧凑，铃大，长卵圆形，多为4～5室。单铃重6.2g，籽指10.7g，衣分43.1%～44.6%，2.5%跨长30.0mm，整齐度84.3%，马克隆值4.4，伸长率6.7%，比强度30.0cN/tex。免疫枯萎病，耐黄萎病。

SSR指纹图谱：294-015-365-140-005-021-074-021-035-102-001-192

品种身份证：04010121652006294015365140005021074021035102001192N

新陆中25的条形码身份证

新陆中25的二维码身份证

二十三、新陆中26

选育单位：富全新科种业

　　遗传背景：从引进的17-79中系选出巴棉3号，再由巴棉3号选育出6603品系系选而成

　　审定信息：于2006年经新疆维吾尔自治区农作物品种审定委员会审定通过

　　审定编号：新审棉2006年061号

　　特征特性：生育期125～128d，株高64.3cm，植株筒形，株型较紧凑、偏矮，铃圆形或卵圆形，铃壳薄。单铃重5.8g，籽指10.6g，衣分44.6%，2.5%跨长29.6mm，整齐度85.4%，马克隆值4.4，伸长率7.1%，比强度27.6cN/tex。高抗枯萎病，抗黄萎病。

　　SSR指纹图谱：439-015-502-140-007-021-103-021-059-118-001-239

　　品种身份证：04010123652006439015502140007021103021059118001239N

新陆中26

04010123652006439015502140007021103021059118001239N
新陆中26的条形码身份证

新陆中26的二维码身份证

二十四、新陆中27

　　选育单位：天合种业

　　遗传背景：自育032品系×品系048

　　审定信息：于2006年经新疆维吾尔自治区农作物品种审定委员会审定通过

　　审定编号：新审棉2006年063号

　　特征特性：生育期146d，株高65.0cm，植株近似筒形，株型稍紧凑，铃卵圆形。单铃重6.0g，籽指10.7g，衣分40.9%，2.5%跨长30.2mm，整齐度84.8%，马克隆值4.2，伸长率7.2%，比强度32.6cN/tex。免疫枯萎病，抗黄萎病。

　　SSR指纹图谱：424-011-438-140-007-021-074-021-059-110-004-192

新陆中27

品种身份证：040101236520064240114381400070210740210591100041192N

新陆中27的条形码身份证

新陆中27的二维码身份证

二十五、新陆中28

选育单位：汇丰种业

遗传背景：中9409（中棉所35）×父本郿109

审定信息：于2006年经新疆维吾尔自治区农作物品种审定委员会审定通过

审定编号：新审棉2006年064号

特征特性：生育期136～138d，株高70.0～80.0cm，植株塔形，株型略松散，铃卵圆形，铃面深绿色，铃尖明显。单铃重6.1～6.3g，籽指10.5g，衣分43.0%～44.0%，2.5%跨长29.9mm，整齐度88.8%，马克隆值4.5，伸长率8.0%，比强度27.9cN/tex。高抗枯萎病，抗黄萎病。

SSR指纹图谱：387-015-438-195-005-021-110-021-055-102-004-220

品种身份证：0401012365200638701543819500502111002105510204220N

新陆中28的条形码身份证

新陆中28的二维码身份证

二十六、新陆中29（新杂棉1号）

选育单位：新疆优质杂交棉公司

遗传背景：J95-8×11-6

审定信息：于2006年经新疆维吾尔自治区农作物品种审定委员会审定通过

审定编号：新审棉2006年065号

特征特性：生育期123d，株高70.0cm，植株筒形，铃大、卵圆形，多5室。单铃重6.8g，籽指11.2g，衣分41.5%，2.5%跨长31.2mm，整齐度84.1%，马克隆值4.1，伸长率7.0%，比强度30.5cN/tex。耐黄萎病，抗枯萎病。

SSR指纹图谱：262-014-438-140-007-031-111-029-051-102-006-204

品种身份证：04010121652006262014438140007031111029051102006204N

04010121652006262014438140007031111029051102006204N

新陆中29的条形码身份证

新陆中29的二维码身份证

二十七、新陆中30

选育单位：河南新乡市锦科棉花研究所

遗传背景：石91-19×锦科19系选

审定信息：于2006年经新疆维吾尔自治区农作物品种审定委员会审定通过

审定编号：新审棉2006年058号

特征特性：生育期135d，株高70.0～80.0cm，植株中等偏大，株型较紧凑，铃较大、长卵圆形。单铃重6.1g，籽指11.1g，衣分45.0%，2.5%跨长31.4mm，整齐度83.9%，马克隆值4.5，伸长率6.5%，比强度28.1cN/tex。免疫枯萎病、抗黄萎病。

SSR指纹图谱：387-011-438-140-007-021-103-021-034-116-004-192

品种身份证：04010123652006387011438140007021103021034116004192N

新陆中30的条形码身份证

新陆中30的二维码身份证

二十八、新陆中31

新陆中31

选育单位：康地种业

遗传背景：不育系KA×恢复系01588

审定信息：于2007年经新疆维吾尔自治区农作物品种审定委员会审定通过

特征特性：生育期126d，株高95.0cm，植株成筒形，铃较大、长卵圆形，。单铃重4.0g，籽指11.0g，衣分38.8%～40.6%，2.5%跨长30.8mm，整齐度85.0%，马克隆值4.2，伸长率6.7%，比强度29.3cN/tex。抗枯萎病，耐黄萎病。

SSR指纹图谱：262-014-438-255-007-026-096-029-035-102-004-192

品种身份证：04010121652007262014438255007026096029035102004192N

新陆中31的条形码身份证

新陆中31的二维码身份证

二十九、新陆中32

选育单位：巴州丰禾源种业

遗传背景：豫棉8×（中12＋中19）

　　审定信息：于2007年经新疆维吾尔自治区农作物品种审定委员会审定通过

　　审定编号：新审棉2007年055号

　　特征特性：生育期135d，株高70.0cm，植株筒形，株型紧凑，铃中等、长卵圆形，铃嘴较歪，铃面有明显的油腺，铃壳较薄，多为5室。单铃重6.1g，籽指11.1g，衣分43.4%，2.5%跨长29.4mm，整齐度85.0%，马克隆值4.2，伸长率6.2%，比强度28.9cN/tex。喜水肥，结铃性强，适应性强，不早衰，抗叶病，高抗枯萎病，感黄萎病。

　　SSR指纹图谱：262-014-438-142-007-021-069-021-035-084-002-192

　　品种身份证：04010123652007262014438142007021069021035084002192N

新陆中32的条形码身份证

新陆中32的二维码身份证

三十、新陆中33

　　选育单位：富全新科种业

　　遗传背景：036×渝棉1号

　　审定信息：于2007年经新疆维吾尔自治区农作物品种审定委员会审定通过

　　审定编号：新审棉2007年056号

　　特征特性：生育期136d，株高68.0cm，植株塔形，株型松紧适中，铃大、长卵圆形。单铃重6.3g，籽指12.0g，衣分40.0%，2.5%跨长32.2mm，整齐度84.8%，马克隆值3.7，伸长率6.6%，比强度33.6cN/tex。抗枯萎病，耐黄萎病。

　　SSR指纹图谱：387-011-438-140-007-026-069-026-032-084-002-192

品种身份证： 040101236520073870114381400070260690260320840021192N

040101236520073870114381400070260690260320840021192N

新陆中33的条形码身份证

新陆中33的二维码身份证

三十一、新陆中34

选育单位： 巴州农业科学研究所

遗传背景： 品系8316×中99＋系选

审定信息： 于2007年经新疆维吾尔自治区农作物品种审定委员会审定通过

审定编号： 新审棉2007年057号

特征特性： 生育期132d，株高68.2cm，植株塔形，铃较大、卵圆形，多为4～5室。单铃重5.8g，籽指10.0g，衣分42.6%，2.5%跨长29.5mm，整齐度85.5%，马克隆值4.2，伸长率6.8%，比强度31.2cN/tex。免疫枯萎病，耐黄萎病。

SSR指纹图谱： 262-014-365-140-007-026-069-026-051-084-002-211

品种身份证： 040101236520072620143651400070260690260510840022211N

040101236520072620143651400070260690260510840022211N

新陆中34的条形码身份证

新陆中34的二维码身份证

三十二、新陆中35

选育单位： 富全新科种业

遗传背景： Y36×冀123

审定信息：于2007年经新疆维吾尔自治区农作物品种审定委员会审定通过

审定编号：新审棉2007年064号

特征特性：生育期134d，株高65.2cm，植株筒形，株型松紧适中，铃大、长卵圆形。单铃重5.7g，籽指10.4g，衣分44.6%，2.5%跨长29.9mm，整齐度85.4%，马克隆值4.3，伸长率6.5%，比强度28.3cN/tex。抗耐枯萎病、黄萎病。

SSR指纹图谱：256-014-422-140-002-031-064-028-032-084-004-192

品种身份证：04010123652007256014422140002031064028032084004192N

04010123652007256014422140002031064028032084004192N

新陆中35的条形码身份证

新陆中35的二维码身份证

三十三、新陆中36

选育单位：巴州一品种业

遗传背景：9119×155

审定信息：于2008年经新疆维吾尔自治区农作物品种审定委员会审定通过

审定编号：新审棉2008年034号

特征特性：生育期134d，株高70.1cm，植株塔形，铃较大、卵圆形，有铃尖，多为1～5室。单铃重5.7g，籽指10.6g，衣分43.9%，2.5%跨长30.8mm，整齐度84.4%，马克隆值4.2，伸长率6.6%，比强度29.8cN/tex。抗枯萎病，耐黄萎病。

SSR指纹图谱：387-011-438-142-005-026-074-021-034-102-004-204

品种身份证：04010123652008387011438142005026074021034102004204N

0401012365200838701143814200502607402103410200420N

新陆中36的条形码身份证

新陆中36的二维码身份证

三十四、新陆中37

选育单位：塔河种业

遗传背景：B23×渝棉1号

审定信息：于2008年经新疆维吾尔自治区农作物品种审定委员会审定通过

审定编号：新审棉2008年035号

特征特性：生育期139d，株高60.0～70.0cm，植株塔形，铃短卵圆形，铃面不光滑有明显的棱面和明显的油腺点，多为4室。单铃重5.2g，籽指11.lg，衣分40.0%～42.0%，2.5%跨长30.9mm，整齐度85.9%，马克隆值4.2，伸长率6.8%，比强度34.5cN/tex。耐枯萎病，感黄萎病。

SSR指纹图谱：256-011-422-195-007-026-096-020-034-084-004-192

品种身份证：04010123652008256011422195007026096020034084004192N

新陆中37

0401012365200825601142219500702609602003408400419 2N

新陆中37的条形码身份证

新陆中37的二维码身份证

三十五、新陆中38

选育单位：康地种业

遗传背景：99-26系选

审定信息：于2009年经新疆维吾尔自治区农作物品种审定委员会审定通过

审定编号：新审棉2009年050号

特征特性：生育期136d，株高65.0cm，植株筒形，铃卵圆形，铃尖略尖。单铃重5.8g，籽指10.2g，衣分42.8%，2.5%跨长30.7mm，整齐度85.2%，马克隆值4.5，伸长率6.0%，比强度32.1cN/tex。抗枯萎病，耐黄萎病。

SSR指纹图谱：288-014-341-140-005-021-074-026-039-110-004-220

品种身份证：04010123652009288014341140005021074026039110004220N

新陆中38的条形码身份证

新陆中38的二维码身份证

三十六、新陆中39

选育单位：康地种业

遗传背景：KA×H3

审定信息：于2009年经新疆维吾尔自治区农作物品种审定委员会审定通过

审定编号：新审棉2009年051号

特征特性：生育期136d，株高90.0cm，植株筒形，株型较松散，铃圆锥形。单铃重4.4g，籽指12.5g，衣分38.0%，2.5%跨长36.3mm，整齐度86.2%，马克隆值3.8，伸长率5.9%，比强度40.2cN/tex。耐枯萎病，抗黄萎病。

SSR指纹图谱：262-014-426-255-007-026-102-021-051-092-002-220
品种身份证：0401012165200992620144262550070261020210510920022 20N

0401012165200992620144262550070261020210510920022 20N

新陆中39的条形码身份证

新陆中39的条形码身份证

三十七、新陆中40

选育单位：库尔勒市种子公司
遗传背景：早16×（D256×SW2）F$_2$
审定信息：于2009年经新疆维吾尔自治区农作物品种审定委员会审定通过
审定编号：新审棉2009年052号
特征特性：生育期138d，株高80.0～90.0cm，植株筒形，株型较紧凑、铃较大、卵圆形。单铃重6.0g，籽指10.5g，衣分42.5%，2.5%跨长30.8mm，整齐度85.6%，马克隆值4.5，伸长率6.8%，比强度30.2cN/tex。抗枯萎病，耐黄萎病。

SSR指纹图谱：294-014-426-140-003-021-069-026-051-110-001-220

品种身份证：0401012365200929401442614000302106902605111 0001220N

04010123652009294014426140003021069026051110001220N

新陆中40的条形码身份证

新陆中40的二维码身份证

三十八、新陆中41

选育单位：巴州农业科学研究所

遗传背景：巴州6807×Acala1517

审定信息：于2009年经新疆维吾尔自治区农作物品种审定委员会审定通过

审定编号：新审棉2009年053号

特征特性：生育期132d，株高81.0cm，植株塔形，株型较松散，铃较大、卵圆形。单铃重5.9g，籽指10.2g，衣分42.1%，2.5%跨长32.2mm，整齐度84.6%，马克隆值3.6，伸长率6.3%，比强度30.9cN/tex。高抗枯萎病，耐黄萎病。

SSR指纹图谱：294-014-426-140-007-021-079-026-051-110-003-220

品种身份证：04010123652009294014426140007021079026051110003220N

新陆中41的条形码身份证

新陆中41的二维码身份证

三十九、新陆中42

选育单位：新疆农业科学院

遗传背景：[(早7号×中2621)×中35]×早16

审定信息：于2009年经新疆维吾尔自治区农作物品种审定委员会审定通过

审定编号：新审棉2009年054号

特征特性：生育期135d，株高60.0～65.0cm，铃长圆形，铃面不光滑。单铃重5.6g，籽指10.2g，衣分43.2%，2.5%跨长30.3mm，整齐度85.8%，马克隆值4.6，伸长率6.2%，比强度30.8cN/tex。抗枯萎病，感黄萎病。

SSR指纹图谱：288-011-345-195-001-021-069-026-055-084-002-219

品种身份证：04010123652009288011345195001021069026055084002219N

0401012365200928801134519500102106902605508400 2219N

新陆中42的条形码身份证

新陆中42的二维码身份证

四十、新陆中43

选育单位：新疆农一师农业科学研究所、塔河种业

遗传背景：41-4×H2

审定信息：于2009年经新疆维吾尔自治区农作物品种审定委员会审定通过

审定编号：新审棉2009年055号

特征特性：生育期133d，株高86.5cm，植株塔形，株型较松散，铃圆锥形，铃嘴尖，多为4室。单铃重4.2g，籽指12.6g，衣分36.8%，2.5%跨长35.0mm，整齐度84.8%，马克隆值3.5，伸长率6.1%，比强度36.5cN/tex。高抗枯萎病，耐黄萎病。

SSR指纹图谱：326-014-438-140-005-016-079-030-063-117-004-206

品种身份证：04010121652009326014438140005016079030063117004206N

04010121652009326014438140005016079030063117004206N

新陆中43的条形码身份证

新陆中43的二维码身份证

四十一、新陆中44

选育单位：富全新科种业

遗传背景：系238×Y36

　　审定信息：于2010年经新疆维吾尔自治区农作物品种审定委员会审定通过

　　审定编号：新审棉2010年042号

　　特征特性：生育期123d，株高62.0cm，植株筒形，株型较紧凑，铃中等大小、长卵圆形。单铃重5.5g，籽指10.3g，衣分42.4%，2.5%跨长30.8mm，整齐度85.0%，马克隆值4.08，伸长率6.7%，比强度31.0cN/tex。抗枯萎病，耐黄萎病。

　　SSR指纹图谱：387-011-394-140-007-021-069-021-053-102-004-204

　　品种身份证：04010123652010387011394140007021069021053102004204N

新陆中44的条形码身份证

新陆中44的二维码身份证

四十二、新陆中45

　　选育单位：新疆光辉种子公司

　　遗传背景：4133×51504

　　审定信息：于2010年经新疆维吾尔自治区农作物品种审定委员会审定通过

　　审定编号：新审棉2010年043号

　　特征特性：生育期136d，株高64.1cm，植株筒形，株型较紧凑，铃卵圆形，铃尖明显。单铃重5.7g，籽指9.8g，衣分42.4%，2.5%跨长31.0mm，整齐度84.3%，马克隆值4.1，伸长率6.8%，比强度30.5cN/tex。抗枯萎病，耐黄萎病。

　　SSR指纹图谱：288-014-345-140-007-021-074-021-035-102-001-204

　　品种身份证：04010123652010288014345140007021074021035102001204N

04010123652010288014345140000702107402103510200120 4N

新陆中45的条形码身份证

新陆中45的二维码身份证

四十三、新陆中46

选育单位：河南科林种业有限公司、巴州禾春洲种业有限公司

遗传背景：由新疆承天种业有限责任公司从中国农业科学院植物保护研究所引进

审定信息：于2010年经新疆维吾尔自治区农作物品种审定委员会审定通过

审定编号：新审棉2010年044号

特征特性：生育期143d，株高70.0cm，植株筒形，株型紧凑，铃较大、卵圆形，一般为4～5室，铃面油腺明显。单铃重5.7g，籽指10.0g，衣分44.8%，2.5%跨长30.2mm，整齐度83.9%，马克隆值4.5，伸长率6.9%，比强度30.0cN/tex。抗枯萎病，耐黄萎病。

SSR指纹图谱：262-011-394-140-005-031-103-029-039-110-004-204

品种身份证：04010123652010262011394140005031103029039110004204N

04010123652010288014345140000702107402103510200120 4N

新陆中46的条形码身份证

新陆中46的二维码身份证

四十四、新陆中47

选育单位：巴州农业科学研究所

遗传背景：系Ji98-72×01-1099

　　审定信息：于2010年经新疆维吾尔自治区农作物品种审定委员会审定通过

　　审定编号：新审棉2010年045号

　　特征特性：生育期143d，株高75.3cm，植株筒形，清秀，铃较大、卵圆形。单铃重5.8～6.4g，籽指11.5g，衣分42.7%，2.5%跨长30.8mm，整齐度85.2%，马克隆值4.4，伸长率6.8%，比强度31.4cN/tex。高抗枯萎病，耐黄萎病。

　　SSR指纹图谱：262-014-426-140-005-021-074-026-055-110-002-204

　　品种身份证：0401012365201026201442614000502107402605511000 2204N

新陆中47的条形码身份证

新陆中47的二维码身份证

四十五、新陆中48

　　选育单位：新疆第一师农业科学研究所、塔河种业

　　遗传背景：[99-708（C6524×中19）F$_6$]×99-425

　　审定信息：于2010年经新疆维吾尔自治区农作物品种审定委员会审定通过

　　审定编号：新审棉2010年046号

　　特征特性：生育期142d，株高80.0cm，株型塔形，铃卵圆形，铃嘴较尖，4～5室。单铃重5.4g，籽指10.8g，衣分43.2%，2.5%跨长30.8mm，整齐度87.0%，马克隆值4.4，伸长率6.1%，比强度33.5cN/tex。抗枯萎病。

　　SSR指纹图谱：288-010-341-140-007-021-102-026-051-092-004-219

　　品种身份证：04010123652010288010341140007021102026051092004219N

新陆中48的条形码身份证

新陆中48的二维码身份证

四十六、新陆中50

选育单位：石河子新农村种业有限公司

遗传背景：石远321×新B1

审定信息：于2011年经新疆维吾尔自治区农作物品种审定委员会审定通过

审定编号：新审棉2011年045号

特征特性：生育期149d，株高75.1cm，植株塔形，株型清秀、较紧凑，铃卵圆形。单铃重6.1g，籽指11.1g，衣分41.8%，2.5%跨长30.6mm，整齐度83.8%，马克隆值4.3，伸长率6.8%，比强度33.0cN/tex。抗枯萎病，耐黄萎病。

SSR指纹图谱：288-014-341-140-007-021-106-026-051-110-004-219

品种身份证：04010123652011288014341140007021106026051110004219N

新陆中50的条形码身份证

新陆中50的二维码身份证

四十七、新陆中54

选育单位：新疆农业科学院

遗传背景：K-265×K-263

审定信息：于2012年经新疆维吾尔自治区农作物品种审定委员会审定通过

审定编号：新审棉2012年052号

　　特征特性：生育期140d，株高70.0cm，植株塔形，铃卵圆形，铃壳薄。单铃重5.9g，籽指10.6g，衣分43.6%，2.5%跨长29.4mm，整齐度85.1%，马克隆值4.4，伸长率6.9%，比强度30.8cN/tex。高抗枯萎病，耐黄萎病。

　　SSR指纹图谱：288-014-426-140-007-026-074-026-039-092-004-219

　　品种身份证：04010123652012288014426140007026074026039092004219N

新陆中54的条形码身份证

新陆中54的二维码身份证

四十八、新陆中56

　　选育单位：富全新科种业
　　遗传背景：系3-1235×901
　　审定信息：于2012年经新疆维吾尔自治区农作物品种审定委员会审定通过
　　审定编号：新审棉2012年054号
　　特征特性：生育期135d，株高76.0cm，植株塔形、清秀，铃较大、卵圆形，铃嘴尖。单铃重6.2g，籽指10.6g，衣分43.4%，2.5%跨长29.8mm，整齐度85.0%，马克隆值4.5，伸长率6.9%，比强度30.3cN/tex。高抗枯萎病，感黄萎病。

　　SSR指纹图谱：439-014-373-195-005-026-103-021-051-084-002-192

　　品种身份证：04010123652012439014373195005026103021051084002192N

04010123652012439014373195005026103021051084002192N

新陆中56的条形码身份证

新陆中56的二维码身份证

四十九、新陆中58

选育单位：新疆国家农作物原种场

遗传背景：中棉所43系选

审定信息：于2012年经新疆维吾尔自治区农作物品种审定委员会审定通过

审定编号：新审棉2012年056号

特征特性：生育期134d，株高78.9cm，植株塔形、清秀，铃长卵圆形，铃嘴尖。单铃重6.2g，籽指9.9g，衣分44.0%，2.5%跨长29.5mm，整齐度86.0%，马克隆值4.7，伸长率7.5%，比强度28.2cN/tex。抗枯萎病，耐黄萎病。

SSR指纹图谱：288-014-373-140-003-021-074-021-032-102-005-204

品种身份证：04010123652012288014373140003021074021032102005204N

04010123652012288014373140003021074021032102005204N

新陆中58的条形码身份证

新陆中58的二维码身份证

五十、新陆中59

选育单位：神生种业

遗传背景：鲁研棉18×系97-45

审定信息：于2012年经新疆维吾尔自治区农作物品种审定委员会审定通过

审定编号：新审棉2012年057号

特征特性：生育期134d，株高73.3cm，植株塔形、清秀，铃长卵圆形，铃嘴尖。单铃重6.0g，籽指10.2g，衣分44.4%，2.5%跨长29.3mm，整齐度84.1%，马克隆值4.7，伸长率6.7%，比强度29.6cN/tex。抗枯萎病，耐黄萎病。

　　SSR指纹图谱：295-014-502-140-007-021-079-021-055-102-004-220

　　品种身份证：0401012365201229501450214000702107902105510 2004220N

新陆中59的条形码身份证

新陆中59的二维码身份证

五十一、新陆中60

　　选育单位：新疆生产建设兵团第一师农业科学研究所

　　遗传背景：新陆中14×20-965

　　审定信息：于2012年经新疆维吾尔自治区农作物品种审定委员会审定通过

　　审定编号：新审棉2012年058号

　　特征特性：生育期142d，株高80.0cm，植株塔形，铃卵圆形，铃嘴较尖。单铃重6.1g，籽指11.0g，衣分43.0%，2.5%跨长30.3mm，整齐度86.9%，马克隆值4.3，伸长率5.5%，比强度33.2cN/tex。高抗枯萎病，感黄萎病。

　　SSR指纹图谱：288-014-373-142-005-021-094-026-039-110-007-192

　　品种身份证：04010123652012288014373142005021094026039110007192N

新陆中60的条形码身份证

新陆中60的二维码身份证

五十二、新陆中61

选育单位：前海种业

遗传背景：中棉所49×中棉所35

审定信息：于2013年经新疆维吾尔自治区农作物品种审定委员会审定通过

审定编号：新审棉2013年042号

特征特性：生育期140d，株高60.0cm，植株塔形，株型较松散，铃卵圆形，铃嘴较尖。单铃重6.1g，籽指10.8g，衣分44.1%，2.5%跨长30.2mm，整齐度84.5%，马克隆值4.5，伸长率6.6%，比强度29.2cN/tex。耐枯萎病，耐黄萎病。

SSR指纹图谱：256-014-422-140-007-031-078-021-032-102-006-192

品种身份证：04010123652013256014422140007031078021032102006192N

新陆中61的条形码身份证

新陆中61的二维码身份证

五十三、新陆中62

选育单位：塔河种业

遗传背景：新陆中17号×A1

审定信息：于2013年经新疆维吾尔自治区农作物品种审定委员会审定通过

审定编号：新审棉2013年043号

特征特性：生育期139d，株高76.0cm，植株塔形，铃卵圆形，4～5室。单铃重6.0g，籽指11.2g，衣分44.6%，2.5%跨长29.4mm，整齐度85.3%，马克隆值4.3，伸长率6.6%，比强度31.7cN/tex。高抗枯萎病，耐黄萎病。

SSR指纹图谱：288-014-373-140-007-031-111-026-032-084-006-192

品种身份证：040101236520132880143731400070311110260320840061920192N

040101236520132880143731400070311110260320840061920192N

新陆中62的条形码身份证

新陆中62的二维码身份证

五十四、新陆中63

选育单位：巴州农业科学研究所

遗传背景：冀9119优系×苏联引进材料1085

审定信息：于2013年经新疆维吾尔自治区农作物品种审定委员会审定通过

审定编号：新审棉2013年044号

特征特性：生育期134d，株高74.3cm，植株筒形，株型紧凑，铃中等偏大、卵圆形，铃壳薄。单铃重7.4g，籽指10.2g，衣分44.3%，2.5%跨长28.8mm，整齐度84.3%，马克隆值4.9，伸长率6.8%，比强度29.6cN/tex。高抗枯萎病。

SSR指纹图谱：288-014-357-140-007-021-111-031-051-126-006-192

品种身份证：040101236520132880143571400070211110310511260061920192N

04010123652013288014357140007021111031051126006192N

新陆中63的条形码身份证

新陆中63的二维码身份证

五十五、新陆中64

选育单位：巴州农业科学研究所

遗传背景：中287优系 ×（01-1121（新陆中8号优系）× 绵优156）F_1

审定信息：于2013年经新疆维吾尔自治区农作物品种审定委员会审定通过

审定编号：新审棉2013年045号

特征特性：生育期137d，株高70.0 ～ 80.0cm，植株塔形，株型紧凑，铃较大、卵圆形有钝咀，多为5室，铃面光滑有腺体。单铃重6.0g，籽指11.1g，衣分44.5%，2.5%跨长29.2mm，整齐度86.3%，马克隆值4.4，伸长率6.8%，比强度29.8cN/tex。抗枯萎病，耐黄萎病。

SSR指纹图谱：288-014-373-140-006-021-074-026-055-110-002-220

品种身份证：04010123652013288014373140006021074026055110002220N

04010123652013288014373140006021074026055110002220N

新陆中64的条形码身份证

新陆中64的二维码身份证

五十六、新陆中65

选育单位：富全新科种业

遗传背景：新陆中35 × 系380

审定信息：于2013年经新疆维吾尔自治区农作物品种审定委员会审定通过

审定编号：新审棉2013年046号

特征特性：生育期138d，株高69.4cm，植株筒形，铃中等偏大、卵圆形有尖咀，多为5室，铃面光滑有腺体。单铃重6.0g，籽指10.2g，衣分44.7%，2.5%跨长28.9mm，整齐度85.2%，马克隆值4.4，伸长率7.7%，比强度28.5cN/tex。高抗枯萎病，感黄萎病。

SSR指纹图谱：262-014-426-140-007-026-074-021-039-102-004-220

品种身份证：04010123652013262014426140007026074021039102004220N

新陆中65的条形码身份证

新陆中65的二维码身份证

五十七、新陆中68

选育单位：金丰源种业

遗传背景：(L16×29-1)×冀9119

审定信息：于2013年经新疆维吾尔自治区农作物品种审定委员会审定通过

审定编号：新审棉2013年049号

特征特性：生育期约135d，株高70.0cm，植株塔形，株型稍松散，铃较小、卵圆形，铃面光滑有腺体。单铃重5.1g，籽指10.2g，衣分45.2%，2.5%跨长29.0mm，整齐度84.1%，马克隆值4.3，伸长率6.8%，比强度31.5cN/tex。高抗枯萎病，感黄萎病。

SSR指纹图谱：440-014-426-140-007-021-079-029-039-102-005-220

品种身份证：04010123652013440014426140007021079029039102005220N

新陆中68的条形码身份证　　　　　　　　　新陆中68的二维码身份证

五十八、新陆中69

选育单位：巴州农业科学研究所、惠祥棉种

遗传背景：巴州7217 × Acala1517

审定信息：于2013年经新疆维吾尔自治区农作物品种审定委员会审定通过

审定编号：新审棉2013年050号

特征特性：生育期135d，株高69cm，植株塔形，株型较紧凑，铃中等偏大、卵圆形有钝咀，多为5室，铃面光滑有腺体。单铃重5.4g，籽指11.0g，衣分44.0%，2.5%跨长29.8mm，整齐度84.6%，马克隆值4.3，伸长率6.5%，比强度29.6cN/tex。高抗枯萎病，耐黄萎病。

　　SSR指纹图谱：256-014-426-140-007-021-064-028-039-102-005-192

　　品种身份证：04010123652013256014426140007021064028039102005192N

新陆中69的条形码身份证　　　　　　　　　新陆中69的二维码身份证

以62份新陆早品种为材料构建DNA指纹图谱。构建指纹图谱的主要方法包括特征谱带法和引物组合法。选用12对SSR引物进行组合鉴定，可将这58份棉花品种完全区分开。各指纹图谱包括SSR指纹图谱十进制码、品种身份证条形码及二维码身份证等信息。

一、新陆早1号

新陆早1号

选育单位：新疆石河子市下野地试验站

遗传背景：农垦5号选系722

审定信息：于1968年经新疆维吾尔自治区农作物品种审查委员会审定通过

特征特性：生育期117～124d，株高60.0～80.0cm，植株塔形，铃椭圆形，铃嘴稍歪，4～6室，铃深绿色、有褐色斑点，铃壳较薄。单铃重5.7g，籽指10.5g，衣分35.5%，2.5%跨长30.0mm，整齐度85.0%，马克隆值4.7，伸长率6.7%，比强度27.0cN/tex。低感黄萎病。

SSR指纹图谱：311-015-438-255-007-026-079-026-051-126-004-220

品种身份证：040101236519683110154382550070260790260511260042200N

新陆早1号的条形码身份证

新陆早1号的二维码身份证

二、新陆早2号

选育单位：新疆生产建设兵团第八师农业科学研究所

遗传背景：6902×中棉所4号

审定信息：于1988年经新疆维吾尔自治区农作物品种审查委员会审定通过

特征特性：生育期134d，株高60.0～80.0cm，植株塔形，株型较紧凑，铃中等偏小、卵圆形，铃壳薄、多4室。单铃重5.8g，籽指9.7g，衣分41.6%，2.5%跨长30.4mm，整齐度84.0%，马克隆值4.8，伸长率6.8%，比强度26.4cN/tex。感黄萎病。

SSR指纹图谱：447-015-486-195-007-031-111-031-035-126-002-223

品种身份证：04010123651988447015486195007031111031035126002223N

新陆早2号

04010123651988447015486195007031111031035126002223N

新陆早2号的条形码身份证

新陆早2号的二维码身份证

三、新陆早3号

选育单位：新疆生产建设兵团第七师农业科学研究所

遗传背景：(79-73W×爱子棉)×荆州4588

审定信息：于1988年经新疆维吾尔自治区农作物品种审查委员会审定通过

特征特性：生育期124～142d，株高60.0～80.0cm，植株筒形，铃卵圆形、长尖嘴、多5室，并蒂铃多。单铃重5.4g，籽指12.0g，衣分39.5%，2.5%跨长30.0mm，整齐度83.5%，马克隆值4.1，伸长率6.8%，比强度25.9cN/tex。耐枯萎病。

新陆早3号

SSR指纹图谱：262-011-486-255-007-021-079-030-035-084-004-192

品种身份证：0410123651988262011486255007021079030035084004192N

新陆早3号的条形码身份证

新陆早3号的二维码身份证

四、新陆早4号

选育单位：新疆生产建设兵团第七师农业科学研究所

遗传背景：（66-241×澧74-47）F_1×岱70

审定信息：于1994年经新疆维吾尔自治区农作物品种审查委员会审定通过

特征特性：生育期128d，株高70.0cm，株型较紧凑，铃近圆形、裂缝少。单铃重5.6g，籽指12.6g，衣分37.0%，2.5%跨长27.5mm，整齐度84.0%，马克隆值3.8，伸长率6.6%，比强度26.8cN/tex。不抗枯萎病、黄萎病。

SSR指纹图谱：392-014-438-195-007-026-074-026-035-084-002-220

品种身份证：0401012365199439201443819500702607402603508400 2220N

新陆早4号的条形码身份证

新陆早4号的二维码身份证

五、新陆早5号

选育单位：新疆生产建设兵团第八师农业科学研究所

新陆早5号

遗传背景：（347-2×科遗181）F$_1$×（83-2-3+陕1155）

审定信息：于1994年经新疆维吾尔自治区农作物品种审查委员会审定通过

特征特性：生育期115～127d，株高50.0～60.0cm，植株塔形，株型较紧凑，铃近圆形、顶部不太光，铃壳较薄。单铃重4.5g，籽指9.6g，衣分38.8%，2.5%跨长27.9mm，整齐度84.0%，马克隆值4.7，伸长率6.8%，比强度26.4cN/tex。耐黄萎病。

SSR指纹图谱：447-015-438-255-006-031-111-030-059-126-005-220

品种身份证：04010123651994447015438255006031111030059126005220N

0401012365199444701543825500603111030059126005220N

新陆早5号的条形码身份证

新陆早5号的二维码身份证

六、新陆早6号

选育单位：新疆生产建设兵团第七师农业科学研究所

遗传背景：85-174×贝尔斯诺

审定信息：于1997年经新疆维吾尔自治区农作物品种审查委员会审定通过

审定编号：新审棉1997年007号

特征特性：生育期125d，株高62.0cm，株型较紧凑，铃卵圆形。单铃重5.4g，籽指10.2g，衣分43.5%，2.5%跨长29.5mm，整齐度84.0%，马克隆值3.8，伸长率6.7%，比强度25.2cN/tex。抗枯萎病，耐黄萎病。

新陆早6号

SSR指纹图谱：392-014-438-140-007-026-102-021-035-102-004-211

品种身份证：04010123651997392014438140007026102021035102004211N

新陆早6号的条形码身份证

新陆早6号的二维码身份证

七、新陆早7号

新陆早7号

选育单位：新疆生产建设兵团第八师农业科学研究所

遗传背景：3347×塔什干2号

审定信息：于1997年经新疆维吾尔自治区农作物品种审查委员会审定通过

审定编号：新审棉1997年008号

特征特性：生育期120～127d，株高50.0～65.0cm，植株塔形，铃卵圆形。单铃重5.7g，籽指10.9g，衣分39.9%，2.5%跨长29.5mm，整齐度84.5%，马克隆值4.8，伸长率6.7%，比强度26.5cN/tex。耐黄萎病。

SSR指纹图谱：288-014-365-195-006-026-069-021-035-084-004-199

品种身份证：04010123651997288014365195006026069021035084004199N

新陆早7号的条形码身份证

新陆早7号的二维码身份证

八、新陆早8号

选育单位：新疆生产建设兵团第八师农业科学研究所

遗传背景：（抗 V.Wx×早1号）F_1辐射

审定信息：于1997年经新疆维吾尔自治区农作物品种审查委员会审定通过

审定编号：新审棉1997年013号

特征特性：生育期125d，株高60.0cm，植株塔形，株型紧凑，铃卵圆形。单铃重4.9g，籽指10.7g，衣分40.0%，2.5%跨长28.0mm，整齐度81.6%，马克隆值3.4，伸长率6.6%，比强度25.4cN/tex。耐黄萎病。

SSR指纹图谱：392-014-365-140-007-031-069-026-051-092-002-220

品种身份证：040101236519973920143651400070310690260510920022220M

新陆早8号

040101236519973920143651400070310690260510920022220M

新陆早8号的条形码身份证

新陆早8号的二维码身份证

九、新陆早9号

选育单位：新疆生产建设兵团第七师农业科学研究所

遗传背景：（新陆早6号×贝尔斯诺）×中棉所17

审定信息：于1999年经新疆维吾尔自治区农作物品种审查委员会审定通过

审定编号：新审棉1999年004号

特征特性：生育期125d，株高70.0cm，植株塔形，株型较紧凑，铃卵圆形。单铃重5.9g，籽指10.4g，衣分41.3%，2.5%跨长29.6mm，整齐度83.9%，马克隆值4.2，伸长率6.7%，比强度26.9cN/tex。耐黄萎病，耐枯萎病。

新陆早9号

SSR指纹图谱：440-014-438-140-007-026-103-029-035-092-004-251

品种身份证：04010123651999440014438140007026103029035092004251N

0401012365199944001443814000702610302903509200425lN

新陆早9号的条形码身份证

新陆早9号的二维码身份证

十、新陆早10号

新陆早10号

选育单位：新疆生产建设兵团第八师农业科学研究所

遗传背景：（黑山棉×02II）F_2×中棉所12

审定信息：于1999年经新疆维吾尔自治区农作物品种审查委员会审定通过

审定编号：新审棉1999年005号

特征特性：生育期120d，株高70.0cm，植株塔形，株型较紧凑，铃长卵圆形。单铃重6.2g，籽指11.2g，衣分41.4%，2.5%跨长29.5mm，整齐度83.7%，马克隆值4.6，伸长率6.3%，比强度26.2cN/tex。耐枯黄萎病，抗黄萎病。

SSR指纹图谱：447-014-438-140-007-031-103-028-035-126-004-203

品种身份证：0401012365199944701443814000703110302803512600420 3N

0401012365199944701443814000703110302803512600420 3N

新陆早10号的条形码身份证

新陆早10号的二维码身份证

十一、新陆早11

选育单位：博乐市种子管理站

遗传背景：豫早202系选

审定信息：于1999年经新疆维吾尔自治区农作物品种审查委员会审定通过

审定编号：新审棉1999年006号

特征特性：生育期126d，株高65.0cm，植株塔形，铃卵圆形。单铃重5.5g，籽指10.8g，衣分40.5%，2.5%跨长27.8mm，整齐度82.9%，马克隆值3.7，伸长率7.0%，比强度26.7cN/tex。抗枯萎病。

SSR指纹图谱：439-014-502-140-005-031-103-028-051-126-006-220

品种身份证：04010123651999439014502140005031103028051126006220N

04010123651999439014502140005031103028051126006220N

新陆早11的条形码身份证

新陆早11的二维码身份证

十二、新陆早12

选育单位：新疆生产建设兵团第五师农业科学研究所

遗传背景：辽95-25病圃系选

审定信息：于2000年经新疆维吾尔自治区农作物品种审查委员会审定通过

审定编号：新审棉2000年019号

特征特性：生育期130～139d，株高60.0cm，植株塔形，铃卵圆形、有油点、4～5室。单铃重6.4g，籽指12.3g，衣分38.5%，2.5%跨长28.9mm，整齐度83.4%，马克隆值3.8，伸长率7.2%，比强度26.5cN/tex。高抗枯萎病，高抗黄萎病。

SSR指纹图谱：395-015-438-140-007-031-103-029-035-126-004-251

品种身份证：04010123652000395015438140007031103029035126004251N

04010123652000395015438140007031103029035126004251N

新陆早12的条形码身份证

十三、新陆早13

选育单位：新疆生产建设兵团第七师农业科学研究所

遗传背景：83-14 ×（中无 5601 + 1639）

审定信息：于 2002 年经新疆维吾尔自治区农作物品种审查委员会审定通过

审定编号：新审棉 2002 年 024 号

特征特性：生育期 121d，株高 65.0cm，植株塔形，株型紧凑，铃卵圆形、壳薄、4 ~ 5 室。单铃重 5.5g，籽指 10.0g，衣分 42.3%，2.5% 跨长 30.6mm，整齐度 85.0%，马克隆值 4.3，伸长率 7.1%，比强度 27.2cN/tex。高抗枯萎病，耐黄萎病。

新陆早13

SSR指纹图谱：294-014-365-207-007-031-103-028-035-084-002-204

品种身份证：04010123652002294014365207007031103028035084002204N

04010123652002294014365207007031103028035084002204N

新陆早13的条形码身份证

新陆早13的二维码身份证

十四、新陆早14

选育单位：新疆生产建设兵团第八师农业科学研究所

遗传背景：新陆早 7 号 × zk90

审定信息：于 2002 年经新疆维吾尔自治区农作物品种审查委员会审定通过

审定编号：新审棉2002年025号

特征特性：生育期125 ～ 135d，株高65.0 ～ 70.0cm，植株塔形，铃较大、卵圆形，铃嘴较尖，多为4 ～ 5室。单铃重6.1g，籽指12.0g，衣分41.5%，2.5%跨长30.5mm，整齐度85.0%，马克隆值4.2，伸长率7.5%，比强度27.4cN/tex。感枯萎病，感黄萎病。

SSR指纹图谱：447-014-502-140-007-026-103-028-051-126-004-220

品种身份证：040101236520024470145021400070261030280511 26004220N

新陆早14

040101236520024470145021400070261030280511 26004220N

新陆早14的条形码身份证

新陆早14的二维码身份证

十五、新陆早15

选育单位：新疆生产建设兵团第七师农业科学研究所

遗传背景：JW低酚 × 中棉所12

审定信息：于2002年经新疆维吾尔自治区农作物品种审查委员会审定通过

审定编号：新审棉2002年026号

特征特性：生育期128d，株高70.0cm，植株塔形，铃卵圆形、4 ～ 5室。单铃重5.5g，籽指11.5g，衣分40.7%，2.5%跨长29.7mm，整齐度83.8%，马克隆值4.3，伸长率6.5%，比强度27.4cN/tex。较耐黄萎病，抗枯萎病。

新陆早15

SSR指纹图谱：294-014-438-140-007-026-103-026-035-126-001-220

品种身份证：04010123652002294014438140007026103026035126001220N

0401012365200229401443814000702610302603512600 1220N

新陆早15的条形码身份证

新陆早15的二维码身份证

十六、新陆早16

选育单位：新疆生产建设兵团第七师农业科学研究所

遗传背景：早熟鸡脚 × 贝尔斯诺

审定信息：于2003年经新疆维吾尔自治区农作物品种审查委员会审定通过

审定编号：新审棉2003年022号

特征特性：生育期126d，株高65.0cm，植株塔形，铃卵圆形、壳较厚、4～5室。单铃重6.2g，籽指12.1g，衣分42.5%，2.5%跨长33.6mm，整齐度86.1%，马克隆值3.8，伸长率6.4%，比强度32.5cN/tex。不抗枯萎病和黄萎病。

SSR指纹图谱：440-015-422-207-007-031-101-020-035-084-004-192

品种身份证：0401012365200344001542220700703110102003508 4004192N

0401012365200344001542220700703110102003508 4004192N

新陆早16的条形码身份证

新陆早16的二维码身份证

十七、新陆早17

选育单位：新疆农业科学院

遗传背景：9908系选

审定信息：于2004年经新疆维吾尔自治区农作物品种审查委员会审定通过

审定编号：新审棉2004年004号

特征特性：生育期120d，株高60.0cm，植株塔形，株型紧凑，铃较大、卵圆形、多为5室，铃壳较薄。单铃重5.6g，籽指11.0g，衣分44.0%，2.5%跨长29.3mm，整齐度86.5%，马克隆值4.2，伸长率7.2%，比强度29.3cN/tex。高抗枯萎病，耐黄萎病。

SSR指纹图谱：294-014-486-207-007-031-103-026-051-084-002-251

品种身份证：0401012365200429401448620700703110302605108400225lN

新陆早17的条形码身份证

新陆早17的二维码身份证

十八、新陆早18

选育单位：新疆农业科学院

遗传背景：69118系选

审定信息：于2004年经新疆维吾尔自治区农作物品种审查委员会审定通过

审定编号：新审棉2004年005号

特征特性：生育期122d，株高60.0 ~ 70.0cm，植株筒形，铃偏大、卵圆形、多为5室，铃壳较薄。单铃重6.3g，籽指12.5g，衣分36.6%，2.5%跨长29.9mm，整齐度84.2%，马克隆值3.8，伸长率7.3%，比强度25.8cN/tex。高抗枯萎病，耐黄萎病。

SSR指纹图谱：294-014-486-207-007-031-069-020-051-126-006-192

品种身份证：0401012365200429401448620700703106902005112600619 2N

040101236520042940144862070070310690200511260061 92N

新陆早18的条形码身份证

新陆早18的二维码身份证

十九、新陆早19

选育单位：新疆生产建设兵团第八师农业科学研究所

遗传背景：91-2×900

审定信息：于2004年经新疆维吾尔自治区农作物品种审查委员会审定通过

审定编号：新审棉2004年006号

特征特性：生育期133～142d，株高60.0～65.0cm，植株塔形，铃较大、长卵圆形、多为4～5室。单铃重6.0g，籽指11.9g，衣分41.5%，2.5%跨长28.4mm，整齐度83.6%，马克隆值4.3，伸长率7.1%，比强度28.5cN/tex。抗枯萎病，耐黄萎病。

SSR指纹图谱：288-014-365-140-005-031-079-020-051-084-002-192

品种身份证：040101236520042880143651400050310790200510840021 92N

040101236520042880143651400050310790200510840021 92N

新陆早19的条形码身份证

新陆早19的二维码身份证

二十、新陆早20

选育单位：新疆石河子市150团

遗传背景：新陆早16 (97-185)病圃系选

审定信息：于2005年经新疆维吾尔自治区农作物品种审查委员会审定通过

审定编号：新审棉2005年022号

特征特性：生育期137d，株高65.0cm，植株塔形，株型较紧凑，铃长卵圆形。单铃重5.7g，籽指11.0g，衣分40.9％，2.5％跨长31.4mm，整齐度85.4％，马克隆值3.8，伸长率6.8％，比强度32.5cN/tex。高抗枯萎病，耐黄萎病。

SSR指纹图谱：262-014-438-195-007-026-101-030-051-084-004-192

品种身份证：0401012365200526201443819500702610103005108400419 2N

新陆早20

0401012365200526201443819500702610103005108400419 2N

新陆早20的条形码身份证

新陆早20的二维码身份证

二十一、新陆早21

选育单位：富依德公司

遗传背景：新陆早8号抗病变异株

审定信息：于2005年经新疆维吾尔自治区农作物品种审查委员会审定通过

审定编号：新审棉2005年023号

特征特性：生育期134d，株高65.0cm，植株塔形，株型较紧凑，铃较大、尖卵圆形。单铃重5.5g，籽指10.2g，衣分40.5％，2.5％跨长29.05mm，整齐度85.0％，马克隆值4.2，伸长率7.3％，比强度27.4cN/tex。抗枯萎病，耐黄萎病，不抗棉铃虫。

SSR指纹图谱：395-014-438-195-007-026-102-021-051-102-001-220

品种身份证：04010123652005395014438195007026102021051102001220N

0401012365200539501443819500702610202105110200122ON

新陆早21的条形码身份证

新陆早21的二维码身份证

二十二、新陆早22

新陆早22

选育单位：新疆农垦科学院

遗传背景：优系451×新陆早6号

审定信息：于2005年经新疆维吾尔自治区农作物品种审查委员会审定通过

审定编号：新审棉2005年024号

特征特性：生育期135d，株高60.0cm，植株塔形，株型较紧凑，铃中等大小、卵圆形，铃壳较薄，4～5室。单铃重5.5g，籽指10.8g，衣分40.8%，2.5%跨长31.7mm，整齐度84.2%，马克隆值3.8，伸长率6.5%，比强度29.0cN/tex。高抗枯萎病，感黄萎病。

　　SSR指纹图谱：395-014-438-255-007-026-103-029-051-084-006-251

　　品种身份证：0401012365200539501443825500702610302905108400625 1N

0401012365200539501443825500702610302905108400625 1N

新陆早22的条形码身份证

新陆早22的二维码身份证

二十三、新陆早23

选育单位：万氏种业

遗传背景：中棉所27变异

审定信息：于2005年经新疆维吾尔自治区农作物品种审查委员会审定通过

审定编号：新审棉2005年025号

特征特性：生育期124d，株高65.0cm，植株塔形，铃卵圆形，铃壳薄，4～5室。单铃重5.7g，籽指10.3g，衣分40.9％，2.5％跨长30.3mm，整齐度84.6％，马克隆值4.0，伸长率6.0％，比强度29.9cN/tex。抗枯萎病，抗黄萎病。

SSR指纹图谱：395-015-438-255-003-026-069-029-051-126-002-220

品种身份证：0401012365200539501543825500302606902905112600222N

新陆早23的条形码身份证

新陆早23的二维码身份证

二十四、新陆早24

选育单位：康地种业

遗传背景：中长绒品系7047×C6524

审定信息：于2005年经新疆维吾尔自治区农作物品种审查委员会审定通过

审定编号：新审棉2005年061号

特征特性：生育期129d，株高65.0cm，植株塔形，株型较紧凑，铃大、长卵圆形，多为4～5室。单铃重6.4g，籽指12.8g，衣分40.4％，2.5％跨长33.7mm，整齐度85.6％，马克隆值3.4，伸长率7.1％，比强度36.9cN/tex。抗枯萎病，耐黄萎病。

SSR指纹图谱：422-014-493-195-007-031-111-031-059-084-006-220

品种身份证：0401012365200542201449319500703111103105908400622N

新陆早24的条形码身份证

新陆早24的二维码身份证

二十五、新陆早25

选育单位：新疆生产建设兵团第七师农业科学研究所

遗传背景：[（系5×贝尔斯诺）×晋14]F₁×中棉所17

审定信息：于2006年经新疆维吾尔自治区农作物品种审查委员会审定通过

审定编号：新审棉2006年050号

特征特性：生育期125d，株高65.0cm，植株筒形，株型较紧凑，铃中等大小、卵圆形、4～5室。单铃重6.0g，籽指10.6g，衣分45.5%，2.5%跨长32.0mm，整齐度85.5%，马克隆值4.4，伸长率7.1%，比强度31.5cN/tex。抗枯萎病，抗黄萎病。

新陆早25

SSR指纹图谱：392-014-438-195-007-026-069-029-051-084-002-220

品种身份证：04010123652006392014438195007026069029051084002220N

新陆早25的条形码身份证

新陆早25的二维码身份证

二十六、新陆早26

选育单位：天合种业

遗传背景：新陆早8号(1304)变异株

审定信息：于2006年经新疆维吾尔自治区农作物品种审查委员会审定通过

审定编号：新审棉2006年051号

特征特性：生育期127d，株高72.0cm，植株筒形，铃较大、长卵圆形、有铃尖、多为4～5室。单铃重6.3g，籽指12.6g，衣分42.7％，2.5％跨长31.1mm，整齐度85.1％，马克隆值4.9，伸长率6.6％，比强度30.5cN/tex。抗枯萎病，高抗黄萎病。

SSR指纹图谱：392-014-365-195-007-026-069-029-035-102-002-220

品种身份证：04010123652006392014365195007026069029035102002220N

新陆早26

0401012365200639201436519500702606902903 5102002220N
新陆早26的条形码身份证

新陆早26的二维码身份证

二十七、新陆早27

选育单位：康地种业

遗传背景：早熟抗病7147×贝尔斯诺

审定信息：于2006年经新疆维吾尔自治区农作物品种审查委员会审定通过

审定编号：新审棉2006年052号

特征特性：生育期121～124d，株高66.0cm，植株塔形，株型紧凑，铃大、卵圆形。单铃重6.1g，籽指11.7g，衣分39.7％，2.5％跨长32.1mm，整齐度86.3％，马克隆值4.3，伸长率7.2％，比强度32.3cN/tex。高抗枯萎病，耐黄萎病。

新陆早27

SSR指纹图谱：440-014-365-140-007-026-103-026-051-084-006-255

品种身份证：04010123652006440014365140007026103026051084006255N

新陆早27的条形码身份证

新陆早27的二维码身份证

二十八、新陆早28

选育单位：惠远种业

遗传背景：85-57×（贝尔斯诺＋西南农大抗病、优质、丰产材料混合花粉）

审定信息：于2006年经新疆维吾尔自治区农作物品种审查委员会审定通过

审定编号：新审棉2006年053号

特征特性：生育期118～130d，株高68.0cm，植株塔形，株型较紧凑，铃较大、长卵圆形或近锥形，铃面粗糙、油腺明显、多5室。单铃重6.4g，籽指12.5g，衣分40.0％，2.5％跨长33.0mm，整齐度84.9％，马克隆值3.4，伸长率6.9％，比强度35.1cN/tex。抗枯萎病，抗黄萎病。

SSR指纹图谱：447-014-493-140-007-026-103-026-051-084-002-255

品种身份证：04010123652006447014493140007026103026051084002255N

新陆早28

新陆早28的条形码身份证

新陆早28的二维码身份证

二十九、新陆早29

选育单位：金博种业

遗传背景：中国农业科学院棉花研究所、辽宁省农业科学院棉花研究所、

河南省农业科学院等单位引试品种（系）混播选育

新陆早29

审定信息：于2006年经新疆维吾尔自治区农作物品种审查委员会审定通过

审定编号：新审棉2006年054号

特征特性：生育期117～123d，株高65.0cm，植株塔形，株型紧凑，铃较大、卵圆形。单铃重7.0g，籽指12.1g，衣分39.0%，2.5%跨长33.2mm，整齐度84.9%，马克隆值3.4，伸长率6.9%，比强度34.8cN/tex。抗枯萎病，耐黄萎病。

SSR指纹图谱：407-011-438-140-007-026-069-024-032-084-002-192

品种身份证：04010123652006407011438140007026069024032084002192N

新陆早29的二维码身份证

040101236520064070114381400070260690240320840021 92N

新陆早29的条形码身份证

三十、新陆早30

选育单位：金博种业

遗传背景：中国农业科学院棉花研究所、辽宁省农业科学院棉花研究所、河南省农业科学院等单位引试品种（系）混播选育

新陆早30

审定信息：于2006年经新疆维吾尔自治区农作物品种审查委员会审定通过

审定编号：新审棉2006年055号

特征特性：生育期120d，株高65.0cm，植株筒形，株型紧凑，铃大、卵圆形。单铃重6.2g，籽指10.6g，衣分39.9%，2.5%跨长31.0mm，整齐度85.3%，马克隆值4.1，伸长率6.9%，比强度32.5cN/tex。抗枯萎病，耐黄萎病。

SSR指纹图谱：262-014-438-140-007-021-069-029-051-084-004-220

品种身份证：0401012365200626201443814000702106902905108400422N

新陆早30的条形码身份证

新陆早30的二维码身份证

三十一、新陆早31

选育单位：万氏种业

遗传背景：（新陆早6号×贝尔斯诺）F$_1$×岱子棉

审定信息：于2006年经新疆维吾尔自治区农作物品种审查委员会审定通过

审定编号：新审棉2006年056号

特征特性：生育期125d，株高65.0cm，植株近筒形，铃大、长卵圆形，铃壳较薄、4～5室。单铃重6.4g，籽指12.2g，衣分42.4%，2.5%跨长32.9mm，整齐度85.4%，马克隆值3.7，伸长率7.0%，比强度33.9cN/tex。耐枯萎病，耐黄萎病。

新陆早31

SSR指纹图谱：262-014-438-195-007-026-069-029-051-102-004-219

品种身份证：0401012365200626201443819500702606902905110200421N

新陆早31的条形码身份证

新陆早31的二维码身份证

三十二、新陆早32

选育单位：新疆农垦科学院

遗传背景：拉玛干77变异株病圃系选

审定信息：于2006年经新疆维吾尔自治区农作物品种审查委员会审定通过

审定编号：新审棉2006年057号

特征特性：生育期125d，株高65.0cm，植株筒形，铃大、卵圆形、多4室，铃面油腺明显。单铃重6.2g，籽指13.1g，衣分38.9%，2.5%跨长30.5mm，整齐度84.9%，马克隆值4.4，伸长率7.3%，比强度31.4cN/tex。高抗枯萎病，耐黄萎病。

SSR指纹图谱：446-014-365-195-007-031-069-031-051-126-004-251

品种身份证：0401012365200644601436519500703106903105112 6004251N

新陆早32的条形码身份证

新陆早32的二维码身份证

三十三、新陆早33

选育单位：新疆农垦科学院

遗传背景：石选87变异株病圃系选

审定信息：于2007年经新疆维吾尔自治区农作物品种审查委员会审定通过

审定编号：新审棉2007年058号

特征特性：生育期127d，株高65.0cm，植株筒形，铃中等偏大、卵圆形、多4室，铃面油腺明显。单铃重5.9g，籽指12.1g，衣分39.7%，2.5%跨长30.2mm，整齐度85.3%，马克隆值4.4，伸长率6.7%，比强度30.6cN/tex。抗枯萎病，耐黄萎病。

SSR指纹图谱：262-014-365-140-005-021-069-026-051-102-002-219

品种身份证：0401012365200726201436514000502106902605110 2002219N

0401012365200726201436514000502106902605110200221九N

新陆早33的条形码身份证

新陆早33的二维码身份证

三十四、新陆早34

选育单位：康地种业

遗传背景：早熟系97-65×7003

审定信息：于2007年经新疆维吾尔自治区农作物品种审查委员会审定通过

审定编号：新审棉2007年059号

特征特性：生育期127d，株高65.0cm，植株筒形，铃中等偏大、卵圆形，多4室，铃面油腺明显。单铃重5.9g，籽指12.2g，衣分39.8%，2.5%跨长30.2mm，整齐度84.4%，马克隆值4.4，伸长率6.7%，比强度30.6cN/tex。抗枯萎病，耐黄萎病。

SSR指纹图谱：446-014-422-140-007-031-085-031-051-126-006-251

品种身份证：040101236520074460144221400070310850310511260062551N

新陆早34

040101236520074460144221400070310850310511260062551N

新陆早34的条形码身份证

新陆早34的二维码身份证

三十五、新陆早35

选育单位：新疆生产建设兵团第七师农业科学研究所

遗传背景：[(新陆早3号 × 中2621) × 抗35]×97-185

审定信息：于2007年经新疆维吾尔自治区农作物品种审查委员会审定通过

审定编号：新审棉2007年060号

特征特性：生育期126～128d，株高65.0cm，植株近筒形，株型较紧凑，铃中等大小、长卵圆形、4～5室。单铃重5.4g，籽指10.0g，衣分42.5%，2.5%跨长30.4mm，整齐度85.6%，马克隆值4.6，伸长率6.6%，比强度31.5cN/tex。耐枯萎病，耐黄萎病。

SSR指纹图谱：440-014-438-140-007-026-079-026-051-126-002-251

品种身份证：04010123652007440144381400070260790 26051126002251N

新陆早35

040101236520074400144381400070260790260511 26002251N

新陆早35的条形码身份证

新陆早35的二维码身份证

三十六、新陆早36

选育单位：新疆生产建设兵团第八师农业科学研究所

遗传背景：新陆早8号×抗病品系BD103

审定信息：于2007年经新疆维吾尔自治区农作物品种审查委员会审定通过

审定编号：新审棉2007年061号

特征特性：生育期120d，株高65.0cm，植株塔形，铃卵圆形，多4～5室，铃皮色深。单铃重5.6g，籽指9.9g，衣分41.5%，2.5%跨长28.7mm，整齐度83.7%，马克隆值4.4，伸长率6.7%，比强度29.4cN/tex。高抗枯萎病，耐黄萎病。

新陆早36

SSR指纹图谱：424-014-438-140-007-026-079-026-055-084-004-220

品种身份证：010401236520074240144381400070260790260 55084004220N

0104012365200724014438140007026079026055084004220N

新陆早36的条形码身份证

新陆早36的二维码身份证

三十七、新陆早37

选育单位：新疆生产建设兵团第五师农业科学研究所

遗传背景：(辽83421×系5)×(辽9001＋系5＋自育90-5)

审定信息：于2007年经新疆维吾尔自治区农作物品种审查委员会审定通过

审定编号：新审棉2007年062号

特征特性：生育期128d，株高67.0cm，植株塔形，铃较大、卵圆形。单铃重6.5g，籽指11.3g，衣分40.2%，2.5%跨长29.6mm，整齐度85.0%，马克隆值4.4，伸长率6.8%，比强度30.2cN/tex。高抗枯萎病，抗黄萎病。

新陆早37

SSR指纹图谱：294-014-438-195-007-026-069-031-035-126-005-251

品种身份证：04010123652007294014438195007026069031035126005251N

0401012365200729401443819500702606903103512600525IN

新陆早37的条形码身份证

新陆早37的二维码身份证

三十八、新陆早38

选育单位：新疆生产建设兵团第七师农业科学研究所

遗传背景：[(92-226×中6331)×中17]×97-145

审定信息：于2008年经新疆维吾尔自治区农作物品种审查委员会审定通过

审定编号：新审棉2008年032号

特征特性：生育期127d，株高67.0cm，植株塔形，株型较紧凑，铃中等偏大、长卵圆形、4～5室。单铃重6.3g，籽指9.8g，衣分40.0%，2.5%跨长30.9mm，整齐度85.0%，马克隆值4.1，伸长率6.6%，比强度33.1cN/tex。高抗枯萎病，耐黄萎病。

SSR指纹图谱：440-014-438-140-007-026-103-026-035-126-004-220

品种身份证：0401012365200844001443814000702610302603512600 4220N

新陆早38的条形码身份证

新陆早38的二维码身份证

三十九、新陆早39

选育单位：万氏种业

遗传背景：（新陆早4号×贝尔斯诺）×岱字棉

审定信息：于2008年经新疆维吾尔自治区农作物品种审查委员会审定通过

审定编号：新审棉2008年033号

特征特性：生育期125d，株高65.0cm，植株塔形，铃中等偏大、圆锥形、4～5室。单铃重6.5g，籽指12.5g，衣分40.5%，2.5%跨长32.6mm，整齐度82.2%，马克隆值3.7，伸长率6.6%，比强度34.7cN/tex。高抗枯萎病，耐黄萎病。

SSR指纹图谱：262-015-493-255-007-031-103-031-055-126-006-251

新陆早39

品种身份证：0401012365200826201549325500703110303105512600 6251N

0401012365200826201549325500703110303105512600 6251N

新陆早39的条形码身份证

新陆早39的二维码身份证

四十、新陆早40

选育单位：新疆农垦科学院

遗传背景：97-185×（D256×sw2）F₂

审定信息：于2009年经新疆维吾尔自治区农作物品种审查委员会审定通过

审定编号：新审棉2009年056号

特征特性：生育期123d，株高65.0cm，植株塔形，铃中等大小、卵圆形、多4室，铃面油腺明显。单铃重5.7g，籽指10.0g，衣分44.6%，2.5%跨长32.3mm，整齐度85.7%，马克隆值4.2，伸长率6.5%，比强度34.1cN/tex。高抗枯萎病，感黄萎病。

SSR指纹图谱：392-014-438-140-007-026-069-026-051-084-002-219

品种身份证：0401012365200939201443814000702606902605108400 2219N

0401012365200939201443814000702606902605108 4002219N

新陆早40的条形码身份证

新陆早40的二维码身份证

四十一、新陆早41

选育单位：富全新科种业

遗传背景：高代材料17-79系选

审定信息：于2009年经新疆维吾尔自治区农作物品种审查委员会审定通过

审定编号：新审棉2009年057号

特征特性：生育期123d，株高60.0～70.0cm，植株筒形，株型较紧凑，植株偏矮，铃中等大小、长卵圆形，铃壳薄、尖嘴。单铃重5.6g，籽指9.7g，衣分44.0%，2.5%跨长31.7mm，整齐度85.3%，马克隆值3.7，伸长率6.5%，比强度30.6cN/tex。抗枯萎病，感黄萎病。

SSR指纹图谱：439-011-438-140-007-021-103-029-059-110-004-220

品种身份证：0401012365200943901143814000702110302905911 0004220N

新陆早41

0401012365200943901143814000702110302905911 0004220N

新陆早41的条形码身份证

新陆早41的二维码身份证

四十二、新陆早42

选育单位：新疆农垦科学院

遗传背景：新陆早10×97-6-9

审定信息：于2009年经新疆维吾尔自治区农作物品种审查委员会审定通过

审定编号：新审棉2009年058号

特征特性：生育期120d，株高70.0cm，植株塔形，铃中等大小、卵圆形、多4室，铃面油腺明显。单铃重5.3g，籽指11.0g，衣分42.0%，2.5%跨长29.6mm，整齐度86.3%，马克隆值4.6，伸长率6.5%，比强度30.7cN/tex。抗枯萎病，感黄萎病。

SSR指纹图谱：262-014-438-140-007-021-103-026-035-084-002-195

品种身份证：0401012365200926201443814000702110302603 5084002195N

新陆早42

0401012365200926201443814000070211030260350840021195N

新陆早42的条形码身份证

新陆早42的二维码身份证

四十三、新陆早43

选育单位：石河子棉花研究所

遗传背景：41-4×H2

审定信息：于2009年经新疆维吾尔自治区农作物品种审查委员会通过

审定编号：新审棉2009年059号

特征特性：生育期122d，株高70.0cm，植株筒形，铃中等大小、卵圆形、多4室，铃面油腺不明显。单铃重5.9g，籽指11.1g，衣分41.7%，2.5%跨长30.2mm，整齐度84.9%，马克隆值4.2，伸长率6.4%，比强度30.1cN/tex。抗枯萎病，感黄萎病。

SSR指纹图谱：294-014-422-140-007-031-079-026-055-126-002-252

品种身份证：0401012365200929401442214000703107902605512600252N

0401012365200929401442214000703107902605512602252N

新陆早43的条形码身份证

新陆早43的二维码身份证

四十四、新陆早44

选育单位：新疆农垦科学院

遗传背景：MP1×FP1

审定信息：于2009年经新疆维吾尔自治区农作物品种审查委员会审定通过

审定编号：新审棉2009年060号

特征特性：生育期124d，株高70.0cm，植株筒形，株型紧凑，铃大、卵圆形、多4～5室。单铃重6.2g，籽指12.0g，衣分41.9%，2.5%跨长30.5mm，整齐度85.6%，马克隆值4.4，伸长率6.2%，比强度31.6cN/tex。耐枯萎病，耐黄萎病。

SSR指纹图谱：288-014-365-195-007-026-102-026-035-084-002-220

品种身份证：040101236520092880143651950070261020260350840022220N

新陆早44的条形码身份证

新陆早44的二维码身份证

四十五、新陆早45

选育单位：新疆农垦科学院

遗传背景：新陆早13×9941

审定信息：于2010年经新疆维吾尔自治区农作物品种审查委员会审定通过

审定编号：新审棉2010年037号

特征特性：生育期123d，株高62.0cm，植株塔形，株型较紧凑，铃卵圆形，铃尖明显。单铃重5.1g，籽指10.4g，衣分40.8%，2.5%跨长30.2mm，整齐度86.1%，马克隆值4.1，伸长率6.8%，比强度32.1cN/tex。高抗枯萎病、耐黄萎病。

SSR指纹图谱：262-014-493-255-007-026-069-026-035-102-006-195

品种身份证：04010123652010262014493255007026069026035102006195N

0401012365201026201449325500702606902603510200619 5N

新陆早45的条形码身份证

新陆早45的二维码身份证

四十六、新陆早46

选育单位：新疆生产建设兵团第八师农业科学研究所

遗传背景：系9×抗病822

审定信息：于2010年经新疆维吾尔自治区农作物品种审查委员会审定通过

审定编号：新审棉2010年038号

特征特性：生育期124d，株高67.0cm，植株塔形，株型较紧凑，铃中等偏大、卵圆形、4～5室居多。单铃重5.9g，籽指9.8 g，衣分43.4%，2.5 %跨长30.7mm，整齐度86.4%，马克隆值4.1，伸长率6.7%，比强度31.2cN/tex。高抗枯萎病，耐黄萎病。

SSR指纹图谱：392-014-438-140-007-026-100-026-032-102-002-192

品种身份证：0401012365201039201443814000702610002603210200219 2N

0401012365201039201443814000702610002603210200219 2N

新陆早46的条形码身份证

新陆早46的二维码身份证

四十七、新陆早47

选育单位：新疆生产建设兵团第七师农业科学研究所

遗传背景：（中17×9001）×97-185

审定信息：于2010年经新疆维吾尔自治区农作物品种审查委员会审定通过

审定编号：新审棉2010年039号

特征特性：生育期124d，株高66.0cm，植株塔形，株型较紧凑，铃卵圆形、有尖。单铃重5.7g，籽指9.5g，衣分45.0%，2.5%跨长32.6mm，整齐度86.2%，马克隆值4.5，伸长率6.8%，比强度34.4cN/tex。高抗枯萎病，感黄萎病。

SSR指纹图谱：288-014-365-140-007-026-098-026-032-084-004-195

品种身份证：04010123652010288014365140007026098026032084004195N

新陆早47的条形码身份证

新陆早47的二维码身份证

四十八、新陆早48

选育单位：惠远种业

遗传背景：石选87×优系604

审定信息：于2010年经新疆维吾尔自治区农作物品种审查委员会审定通过

审定编号：新审棉2010年040号

特征特性：生育期125d，株高71.0cm，植株筒形，铃梨形。单铃重5.8g，籽指11.7g，衣分40.5%，2.5%跨长28.8mm，整齐度85.4%，马克隆值4.3，伸长率7.0%，比强度28.1cN/tex。抗枯萎病，耐黄萎病，不抗棉铃虫。

SSR指纹图谱：288-014-439-140-005-026-069-026-051-118-002-219

品种身份证：04010123652010288014439140005026069026051118002219N

040101236520102880144391400050260690260511180022 19N

新陆早48的条形码身份证

新陆早48的二维码身份证

四十九、新陆早49

选育单位：新疆生产建设兵团第七师农业科学研究所

遗传背景：9765 × 新陆早16

审定信息：于2010年经新疆维吾尔自治区农作物品种审查委员会审定通过

审定编号：新审棉2010年041号

特征特性：生育期125 ～ 132d，株高73.0cm，植株塔形，株型较紧凑，棉铃中等偏大、椭圆形。单铃重5.6g，籽指10.7g，衣分42.9%，2.5%跨长32.5mm，整齐度85.4%，马克隆值4.4，伸长率6.5%，比强度32.6cN/tex。抗枯萎病，较耐黄萎病。

SSR指纹图谱：288-014-365-207-005-021-102-021-051-084-004-220

品种身份证：04010123652010288014365207005021102021051084004220N

040101236520102880143652070050211020210510 84004220N

新陆早49的条形码身份证

新陆早49的二维码身份证

五十、新陆早50

选育单位：新疆农业科学院

遗传背景：新陆早13 × Y-605

　　审定信息：于2011年经新疆维吾尔自治区农作物品种审查委员会审定通过

　　审定编号：新审棉2011年045号

　　特征特性：生育期126d，株高70.0cm，植株塔形，株型紧凑，铃卵圆形。单铃重5.4g，籽指9.9g，衣分44.6%，2.5%跨长30.2mm，整齐度86.1%，马克隆值4.0，伸长率6.9%，比强度29.4cN/tex。高抗枯萎病，耐黄萎病。

　　SSR指纹图谱：262-011-438-195-007-021-101-026-051-084-004-220

　　品种身份证：0401012365201126201143819500702110102605108 4004220N

新陆早50的条形码身份证

新陆早50的二维码身份证

五十一、新陆早51

　　选育单位：新疆农垦科学院

　　遗传背景：新陆早10×97-6-9×垦0074

　　审定信息：于2011年经新疆维吾尔自治区农作物品种审查委员会审定通过

　　审定编号：新审棉2011年044号

　　特征特性：生育期128d，株高71.0cm，植株塔形，株型紧凑，铃卵圆形。单铃重5.5g，籽指12.1g，衣分38.7%，2.5%跨长30.3mm，整齐度86.6%，马克隆值4.5，伸长率6.7%，比强度30.9cN/tex。抗枯萎病，耐黄萎病。

　　SSR指纹图谱：262-014-438-140-007-021-069-026-055-084-004-195

　　品种身份证：0401012365201126201443814000702106902605508 4004195N

04010123652011262014438140000702106902605508400419 5N

新陆早51的条形码身份证

新陆早51的二维码身份证

五十二、新陆早52

选育单位：硕丰种业

遗传背景：硕丰1号优系4004×早28选系

审定信息：于2012年经新疆维吾尔自治区农作物品种审查委员会审定通过

审定编号：新审棉2012年047号

特征特性：生育期120d，株高67.0cm，植株筒形，株型较紧凑，铃卵圆形有钝咀，铃面光滑，5室居多。单铃重5.6g，籽指11.8g，衣分45.5%，2.5%跨长32.0mm，整齐度85.3%，马克隆值3.9，伸长率6.4%，比强度32.5cN/tex。高抗枯萎病，耐黄萎病。

SSR指纹图谱：262-011-438-140-007-026-069-026-055-084-002-220

品种身份证：04010123652012262011438140000702606902605508400222 0N

新陆早52的条形码身份证

新陆早52的二维码身份证

五十三、新陆早53

选育单位：新疆农垦科学院

遗传背景：石选87×新陆早9号

审定信息：于2012年经新疆维吾尔自治区农作物品种审查委员会审定通过

审定编号：新审棉2012年048号

特征特性：生育期124d，株高66.0cm，植株塔形，株型紧凑，铃中等大小、卵圆形。单铃重5.5g，籽指10.5g，衣分41.0%，2.5%跨长29.2mm，整齐度87.5%，马克隆值4.5，伸长率7.1%，比强度31.7cN/tex。高抗枯萎病，耐黄萎病。

SSR指纹图谱：262-014-438-140-007-021-069-026-035-102-002-219

品种身份证：04010123652012262014438140007021069026035102002219N

新陆早53的条形码身份证

新陆早53的二维码身份证

五十四、新陆早54

选育单位：金宏祥高科

遗传背景：新陆早11×中棉所12

审定信息：于2012年经新疆维吾尔自治区农作物品种审查委员会审定通过

审定编号：新审棉2012年049号

特征特性：生育期124d，株高62.0cm，植株筒形，株型紧凑，铃卵圆形，油腺清晰。单铃重6.5g，籽指11.2g，衣分40.5%，2.5%跨长30.0mm，整齐度85.0%，马克隆值4.5，伸长率6.6%，比强度28.4cN/tex。抗枯萎病，耐黄萎病。

SSR指纹图谱：288-014-365-140-007-021-069-026-055-102-002-220

品种身份证：04010123652012288014365140007021069026055102002220N

0401012365201228801436514000070210690260551020022201N

新陆早54的条形码身份证

新陆早54的二维码身份证

五十五、新陆早55

选育单位：大有赢得种业

遗传背景：自育品系062160×03251

审定信息：于2012年经新疆维吾尔自治区农作物品种审查委员会审定通过

审定编号：新审棉2012年050号

特征特性：生育期121d，株高65.0cm，植株塔形，铃中等大小、卵圆形、多为5室。单铃重6.1g，籽指9.6g，衣分43.8%，2.5%跨长30.8mm，整齐度85.6%，马克隆值4.4，伸长率6.6%，比强度31.1cN/tex。抗枯萎病，耐黄萎病。

SSR指纹图谱：447-015-438-140-007-031-111-031-051-102-006-219

品种身份证：04010123652012447015438140007031111031051102006219N

04010123652012447015438140007031111031051102006219N

新陆早55的条形码身份证

新陆早55的二维码身份证

五十六、新陆早57

选育单位：新疆农业科学院

遗传背景：自育高代品系60-2〔新陆早17号（9908）×辽棉16（辽205）〕×新陆早8号

　　审定信息：于2013年经新疆维吾尔自治区农作物品种审查委员会审定通过

　　审定编号：新审棉2013年035号

　　特征特性：生育期120～122d，株高68.0cm，植株塔形，株型较紧凑，铃中等大小、卵圆形，咀微尖，铃壳上麻点清晰，4～5室。单铃重5.5g，籽指9.1g，衣分43.5%，2.5%跨长30.0mm，整齐度85.5%，马克隆值4.4，伸长率6.6%，比强度29.7cN/tex。高抗枯萎病，轻感黄萎病。

　　SSR指纹图谱：390-011-438-140-007-021-069-029-055-102-004-220

　　品种身份证：04010123652013390011438140007021069029055102004220N

新陆早57的条形码身份证

新陆早57的二维码身份证

五十七、新陆早58

　　选育单位：新疆生产建设兵团第七师农业科学研究所、锦棉种业

　　遗传背景：{（185×9717）×新3×中2621×抗35}×185多年组合杂交

　　审定信息：于2013年经新疆维吾尔自治区农作物品种审查委员会审定通过

　　审定编号：新审棉2013年036号

　　特征特性：生育期128d，株高75.0cm，植株塔形，铃短卵圆形，铃嘴微突，铃面较光滑。单铃重6.0g，籽指10.5g，衣分45.0%，2.5%跨长30.5mm，整齐度85.2%，马克隆值4.3，伸长率6.6%，比强度29.0cN/tex。高抗枯萎病，耐黄萎病。

SSR指纹图谱：262-014-438-140-007-021-069-026-051-084-002-219
品种身份证：04010123652013262014438140007021069026051084002219N

新陆早58的条形码身份证

新陆早58的二维码身份证

五十八、新陆早59

选育单位：惠远种业

遗传背景：自育"9774"×新陆早12

审定信息：于2013年经新疆维吾尔自治区农作物品种审查委员会审定通过

审定编号：新审棉2013年050号

特征特性：生育期124d，株高65.0cm，铃中等偏大、卵圆形、有钝咀，铃面光滑、有腺体。单铃重5.6g，籽指10.7g，衣分42.5%，2.5%跨长31.7mm，整齐度85.4%，马克隆值4.4，伸长率6.8%，比强度31.5cN/tex。高抗枯萎病，耐黄萎病。

SSR指纹图谱：447-014-438-195-007-026-103-029-055-126-006-220

品种身份证：04010123652013447014438195007026103029055126006220N

新陆早59的条形码身份证

新陆早59的二维码身份证

五十九、新陆早60

选育单位：新疆农垦科学院、西域绿洲种业

遗传背景：9843×316

审定信息：于2013年经新疆维吾尔自治区农作物品种审查委员会审定通过

审定编号：新审棉2013年038号

特征特性：生育期125d，株高64.0cm，植株塔形，铃中等大小、卵圆形，铃尖明显，铃面光滑、有腺体。单铃重5.5g，籽指9.8g，衣分44.6%，2.5%跨长29.6mm，整齐度85.4%，马克隆值4.6，伸长率6.3%，比强度32.5cN/tex。耐枯萎病，感黄萎病。

SSR指纹图谱：387-014-438-140-007-026-069-026-051-126-004-219

品种身份证：0401012365201338701443814000702606902605112600 4219N

新陆早60的条形码身份证

新陆早60的二维码身份证

六十、新陆早61

选育单位：新疆石河子棉花研究所

遗传背景：（早熟棉×HB8）经南繁北育，病圃定向选育

审定信息：于2013年经新疆维吾尔自治区农作物品种审查委员会通过

审定编号：新审棉2013年039号

特征特性：生育期121d，株高68.0cm，植株塔形，株型紧凑，铃中等偏大、卵圆形、有钝咀、多为5室，铃面光滑、有腺体。单铃重5.9g，籽指10.9g，衣分42.0%，2.5%跨长29.5mm，整齐度86.4%，马克隆值4.4，伸长率6.8%，比强度31.1cN/tex。抗枯萎病，耐黄萎病。

SSR指纹图谱：447-014-365-255-007-031-069-031-051-110-006-251

品种身份证：04010123652013447014365255007031069031051110006251N

04010123652013447014365255007031069031051110006251N

新陆早61的条形码身份证

新陆早61的二维码身份证

六十一、新陆早62

选育单位：新疆石河子棉花研究所、新疆石河子庄稼汉农业科技有限公司

遗传背景：系9×995

审定信息：于2013年经新疆维吾尔自治区农作物品种审查委员会审定通过

审定编号：新审棉2013年040号

特征特性：生育期124d，株高69.0cm，株型较紧凑，铃卵圆形。单铃重6.0g，籽指9.8g，衣分43.8％，2.5％跨长30.3mm，整齐度85.3％，马克隆值4.3，伸长率6.8％，比强度29.9cN/tex。高抗枯萎病，感黄萎病。

SSR指纹图谱：424-014-438-140-007-026-102-026-051-102-002-220

品种身份证：04010123652013424014438140007026102026051102002220N

04010123652013424014438140007026102026051102002220N

新陆早62的条形码身份证

新陆早62的二维码身份证

六十二、新陆早63

选育单位：中国农业科学院棉花研究所北疆生态试验站

遗传背景：天河99×系126

审定信息：于2013年经新疆维吾尔自治区农作物品种审查委员会审定通过

审定编号：新审棉2013年041号

特征特性：生育期124d，株高65.0cm，植株筒形，铃卵圆形、有钝尖。单铃重5.9g，籽指9.9g，衣分43.9%，2.5%跨长28.9mm，整齐度85.1%，马克隆值4.4，伸长率6.8%，比强度29.8cN/tex。高抗枯萎病，感黄萎病。

SSR指纹图谱：424-014-438-255-007-026-102-026-051-102-002-220

品种身份证：0401012365201342401443825500702610202605110200 2220N

新陆早63的条形码身份证

新陆早63的二维码身份证

第四章

新疆陆地棉品种SSR真实性和纯度鉴定

种业是农业的基础产业，优良新品种的培育与推广对国民经济的发展与人民生活水平的提高具有重要意义。近年来，我国种业发展取得了显著的成绩。品种遗传改良增益、良种覆盖率逐年提高，形成了引育结合、产学研结合、育繁推一体化的种业发展模式。新疆在我国棉花生产和保障棉花安全中承担重任，然而新形势下，新疆棉花生产和经营管理还存在着不规范等诸多问题，例如，品种同质化严重、种子质量差、伪劣假冒种子充斥市场，严重影响棉花生产安全和健康发展，极大地损害育种家的权益和农民的经济利益，因此，建立准确、快速的棉花品种真实性鉴定和纯度检测的技术体系极为必要。

传统的棉花品种真实性和纯度鉴定以田间种植方法进行判别，即根据植株的性状特性，如株高、株型、叶色等，以判别植株种类。这种鉴定方式虽然经济、简单，但存在诸多不足之处。植株性状的鉴定周期一般比较长，易受到环境因素的干扰，并且判定时会人为误差较大，这使得品种鉴定越来越困难。同时，检测结果的准确性与时效性无法得到保障，因此加强种业技术创新，为种子质量鉴定提供高效技术手段极为必要。近年来，随着分子标记技术的进步，品种的鉴定也迈入了基因水平。微卫星DNA又可称为简单重复序列（simple sequence repeat，SSR），具有便捷、高效、重复性好等优点，普遍应用于建立农作物DNA分子图谱，成为品种鉴定的有效途径。

目前，棉花品种纯度和真实性鉴定在生产中的应用主要有3类方法：一是国标GB/T 3543.5—1995《农作物种子检验规程》小区种植鉴定法，相应的现行有效的判定标准是GB4407.1—2008《经济作物种子第一部分：纤维类》；二是卡那霉素法，该方法在转基因棉花的筛选鉴定中的应用报道较多；三是DNA分子标记法，是目前前景看好的研究热点，已经发布实施的相关标准有农业行业标准NY/T 2594—2014《植物品种鉴定DNA指纹方法总则》、NY/T 2469—2013《陆地棉品种鉴定技术规程SSR分子标记法》和NY/T 2634—2014《棉花品种真实性鉴定SSR分子标记法》。

一、品种真实性鉴定和纯度检测常用方法及研究进展

品种真实性和纯度是种子质量的重要依据，品种混杂或纯度的下降会直接

影响其品质，导致产量减少。近年来，我国种业发展取得了显著的成绩。然而新形势下，新疆棉花生产和经营管理还存在着不规范等诸多问题，例如，品种同质化严重、种子质量差、伪劣假冒种子充斥市场，严重影响棉花生产安全和健康发展，极大地损害育种家的权益和农民的经济利益。《农作物种子检验规程》中将品种真实性定义为种子所属品种与文件（品种证书、标签等）是否一致、符合其实；品种纯度则是指该品种在形态特征、生长特性方面相同的程度。Ashok等研究认为当棉花品种种子的纯度下降1%时，该品种实际产量大约会减少100kg/hm^2。因此，建立准确、快速的棉花品种真实性鉴定和纯度检测的技术体系极为必要。

（一）形态学鉴定

形态学标记研究物种间关系、分类与鉴定往往是基于个体性状描述而得出结论的，通常以种子形态鉴定、幼苗形态鉴定及田间小区种植鉴定三种方式为主。

1.种子形态鉴定 种子形态是植物体重要的性状特性，是鉴别农作物品种的有效方法之一。种子形态学鉴定法是品种鉴别中使用最早、也是最简单易行并且比较经济的基础方法。依据棉花种子形状大小等形态学特征对受损后的棉花种子作出了判断。除此之外，对种子形态特性在作物品种真假鉴别分析中都做过类似报道。由于种子形态学鉴定可作为依据的性状有限，而且许多性状容易受多种栽培条件的影响，尤其是当品种间差异较小且数量很大时，鉴别就变得十分困难。除此之外，目前国内外许多种子都进行了包衣处理，因此该法在应用上受到了很大的限制，只能作为一种参考指标。

2.幼苗形态鉴定 幼苗形态法是在幼苗期以样本形态特征作为鉴别依据，进而达到鉴别真假的目的。特征性状包括幼苗生长锥、芽鞘的色泽、子叶的色泽和形状等。该方法可以在相宜的环境下，给种子供给加快生长，使植株生长到适合鉴别的阶段，对所有幼苗进行鉴别。在棉花品种鉴定中也有相关研究，如通过对棉花苗期性状特征的分析对耐寒性不同的棉花品种作出了判别，通过一个苗期性状特征判断西瓜杂交种的纯度，依据植株苗期形态特性有效鉴别品种纯度等。幼苗形态法便捷、经济、省时，相对于种子形态检测法，该技术的使用领域明显有所增广，是相对准确的室内检测方法，但是这个方法所测定的通常是一些数量性状，仅仅能够用来检测品种的真实性，却不可以鉴别异形株。

3.田间小区种植鉴定 田间小区检测法是国内外使用比较普遍的一种检测办法。此方法是将具有一定代表性的农作物种子种植在田间，在一定生长时期，以样品的性状以及生物学特征为鉴别依据，与标准品对照比较来达到鉴定的目的。最优的检测时期会因品种的不同而有所差别，一般来说，植株具有代表性的、性状表现比较明显的时期即为检测的最好时期。在幼苗期阶段，依据生长习性、基叶形态、色泽等性状进行鉴定；在盛花期根据花器的特点、花药颜色等性状进行检验；在成熟期根据株型、果形、序形、株高等性状进行鉴定。具体操作如下：①试验地选择。小区种植鉴定的试验地选择必须符合GB/T 3543.5—1995的要求，应为前茬无同类作物和杂草，土壤均匀，肥力中等、一致的田块。小区设计便于观察，并尽可能设重复。②种植株数。一般来说，国标采用OECD规定的一条基本原则——4N原则，若品种纯度标准规定值为 $X\% = (N - 1) \times 100\% / N$，种植株数达4N即可获得满意结果。③田间管理。小区的管理等同于大田生产，要小心使用除草剂和植物生长调节剂，避免影响鉴定植株的特征特性。④观察记录。棉花小区种植鉴定在整个生长季节都可以观察。有些品种的特征特性在幼苗期就可以表现出来，有的在花期就表现。一般来说，花期和成熟期是品种特征特性表现最充分、最明显的时期，必须鉴定。记载的数据用于结果判别时原则上要求花期和成熟期相结合，通常以花铃期为主，鉴定一般需要3个月左右。⑤结果判定。依据GB 4407.1—2008棉花常规种原种和杂交种亲本不低于99.0%，大田用种和杂交一代种不低于95.0%。

　　孙宝成等选用田间检测的方法鉴别出不同品种谷子的抗旱能力。王涵等采用田间比较鉴定法，以"TN86"品种为对照，综合鉴定了云南白肋烟杂交选育新品系的田间性状。在棉花品种鉴定方面，匡猛等结合田间表型检测与室内分子检测两种技术检测出6份杂交棉品种的纯度。符家平等采用田间检测法，对棉花杂交品种C111进行了纯度检测，发现田间小区鉴定的最佳时期是棉花花铃期，鉴定样本量取200株以上比较合适。选用田间检测时存在诸多缺陷，例如该方法容易受到栽培条件、环境等因素的影响，除此之外，检测人员的判断标准也是影响检测结果的原因之一。对于遗传背景相对复杂的品种而言，如果其亲本的纯度较低或机械混杂严重，鉴定结果也会产生很大的影响。这些因素使得田间小区种植鉴定的难度越来越大，难以及时解决种子质量问题，因此该方法已不适合高效率、快节奏的种子市场。

（二）物理化学鉴定

　　物理化学检测是指对受检样本实施某种特定的物理措施或者化学试剂的处理，从而发生特定的反应，最终达到鉴别品种真实性和纯度的目的。利用该方法进行品种鉴定时，不同的品种对温度、紫外线、化学药剂等处理的反应有所不同。通常使用的药剂有苯酚和愈创木酚。

　　苯酚染色法是一种实用、快速的品种鉴定方法，其原理是酚和种子种皮内的含氮化合物进行化学反应，生成苯醌，进而产生不同的颜色，根据不同品种的种子染色后产生的颜色不同而判断品种的真实性。

　　愈创木酚法的原理是在过氧化氢的作用下，种子内部过氧化物酶氧化愈创木酚进而出现红褐色的产物，由于过氧化物酶活性的不同、多少不同，因而产生不同的颜色，进一步鉴别不同品种。相关研究表明，该方法虽在一定程度上提高了鉴别效率，但因为不同物种具备不同特征特性，检测时要求供试种子必须具有特定的物理化学反应才能进一步鉴别，因此适用范围受到一些限制。

（三）卡那霉素法

国内外育成的单价（*Bt*）和双价（*Bt* + *CpTI*）转基因抗虫棉品种中，遗传选择标记基因*NPTII*应用最广泛，该基因编码的新霉索磷酸转移酶（NPT）能使植物产生抗卡那霉素特性；因此，卡那霉素作为转基因载体质粒常用的嵌合选择标记基因之一，在基因工程中被广泛使用。一般情况下转基因抗虫棉是抗卡那霉素的，表现为保持绿色，非转基因品种则褪绿变黄或枯萎。基于上述原理，利用卡那霉素浸种或卡那霉素培养基培养棉苗、涂抹子叶和真叶、大田喷雾等都可以达到筛选鉴定的目的。这里只简单介绍田间涂抹真叶的方法，具体操作如下：棉花植株长出3片左右的真叶以后，涂抹倒1、倒2新展开的真叶效果最好。植株越成熟，所需的卡那霉素的浓度越高；所以随着棉花鉴定植株的生育期增长，所需卡那霉素的浓度增加，一般在花铃期之前，用质量浓度2 000 ～ 4 000mg/L的报道较多。选择在晴热的天气涂抹，涂抹后连续3d左右晴天，期间不要打药，效果更明显。大多在6d以后反应明显加剧，所以鉴定需1周左右。非转基因杂株棉花叶片涂抹卡那霉素处褪绿变黄乃至枯萎，很容易就被鉴别出来。

（四）分子标记鉴定

1.RFLP　RFLP标记方法于1974年由Grodzicker等提出的，最早被应用于品种DNA分子水平上的鉴别。这种方法是选用限制性内切酶对不同品种DNA进行酶切，从而获得大小不等的DNA分子片段，经过凝胶分析、转膜，接着将放射性标记的同源DNA片段作探针，与其杂交，通过放射自显影来达到品种鉴定的目的。截至今日，RFLP技术已广泛应用于多种作物品种的鉴定分析中来，其中包括棉花、小麦、玉米、水稻、大豆、番茄等。RFLP是一种共显性标记，不会受到显隐关系、环境变化以及发育条件等因素的干扰，因此检测结果可靠性高。然而，RFLP分子标记法的操作过程相对繁琐、难度较大，且鉴定成本昂贵并含有放射性污染，因而才限定了该技术在品种鉴定中的应用。

2.RAPD　RAPD方法是由Williams等所提出的一种分子标记技术，基本原理是以随机寡核苷酸序列（常为10mer）为引物，选用PCR技术对生物体基因组DNA扩增，进一步测定DNA序列的多态性。利用RAPD标记鉴别品种真伪，已在小麦、水稻、大豆、玉米、烟草等作物中展开研究，认为该方法具有高操作性和实用参考性，对于种质资源鉴定、品种保护具有很大帮助。这种标记方法弥补了RFLP方法繁琐的Southern杂交，是进行品种鉴别有效的方式。然而，该方法同样也存在诸多不足，RAPD标记以显性标记为主，因此在进行品种鉴定时杂交种带形与亲本之一的带形可能相同。除此之外，该方法容易受到反应条件的限制，稳定性和重复性较差。并且RAPD标记并未均匀地分布于基因组中，标记信息量较少。以上种种不足致使RAPD技术在应用中受到一定限制。

3.AFLP　AFLP标记方法在1993年由Zabeau等和Vos等研究发现，其原理是以样本总DNA作模板，选用2种或者2种以上的内切酶对其切割，经PCR程序稳定扩增之后，对得到的限制性片段作出选择，最终产物在凝胶电泳上反应品种间的多态性。从本质上来看，AFLP方法可以看做RFLP与PCR两种原理联合后的一种方法，该方法既包含RFLP稳定性优点，又具备PCR高效性优点。相关研究发现，AFLP技术具有较高的多态性，且重复稳定，十分适用于作物品种分析和鉴别中。迄今为止，该技术已应用于水稻、大豆、大麦、马铃薯和番茄等多种作物品种鉴定中。目前，由于AFLP技术已申请了专利，因此在使用中受到了一定的限制。除此之外，该技术对DNA质量有比较高的要求，实施起来难度较大，并且需要精细的试验仪器，因此很难广泛推广。

4.SSR　SSR又称为微卫星DNA（microsatellite DNA），是1991年由Moore在PCR的基础上建立的第二代分子标记技术。SSR广泛存在于基因组中，以2～6个碱基为基本单位重复串联构成的序列。研究表明SSR在植物中十分丰富，均匀分布于整个植物基因组中。SSR序列两端均具有保守的DNA序列，根据这段保守序列，可以设计出与之互补的寡聚核苷酸引物，以DNA为模板进行PCR扩增，就可以扩出相应SSR片段。由于SSR分子量的不同，产物在凝胶电泳上即可检测出这种差异。SSR分子标记技术具有以下几个优点：一是SSR标记数量很多，能够覆盖整个染色体组；二是该标记以孟德尔方式遗传呈共显性，能够鉴别杂合子和纯合子；三是由于每个位点都有很多等位形式，因此多态性丰富，信息含量较高；四是该技术以PCR为基础，对DNA质量要求较低，操作程序简单易行，省时省力；且试验结果准确可靠，重复性好。由于SSR标记具备RFLP方法的所有遗传学优点，且弥补了RFLP需使用放射性同位素的不足，同时其重复性和可靠性又比RAPD高，操作方法及成本比AFLP方法低，因而SSR标记技术成了遗传标记中的热点，在品种鉴定中具有十分乐观的应用前景。自该技术创立以来，已被广泛应用于玉米、小麦、棉花、水稻及甘蓝等作物品种鉴定中充分证实了该方法在品种真实性鉴定和纯度鉴定中的可行性和有效性。进一步为SSR分子标记技术在品种真实性鉴定、纯度检验、DNA指纹图谱构建、遗传标记及其他研究领域中广泛应用提供了理论依据。

5.SNP　SNP单核苷酸多态性主要是指由于单个核苷酸的变异而引起基因组水平上的DNA序列多态性，其中最少一种等位基因在群体中的频率不小于

1%，它包括单碱基的缺失、插入、转换及颠换等形式，一般常用SNP包括缺失和插入两种情况。SNP是第三代分子标记，是基于单核苷酸的突变，突变频率较低，在与微卫星标记相比，SNP具有很高的遗传稳定性，位点丰富且分布广泛，特别是处在编码区中的SNP，适合进行大样本量检测分析，具有检测快速，易实现自动化的特点。因此SNP标记是很有应用前景的分子标记技术。随着测序技术费用的逐渐降低，利用简化基因组技术获得分子标记，是当前科研工作发展方向。SNP在标记动、植物遗传图谱构建、基因定位、QTL定位、品种鉴定、物种进化与亲缘关系、连锁不平衡与关联分析、群体遗传结构及其变化机制研究中均有着广泛应用。

（五）SSR标记技术在棉花品种鉴定中的应用及研究现状

随着指纹图谱构建研究的不断推进和日益成熟，品种纯度鉴定工作也取得了进展。以SSR标记技术为手段，构建棉花品种指纹图谱进行品种鉴定的研究已有诸多报道。如利用48对SSR标记检测了30个陆地棉栽培品种和4个高优势杂交种亲本的多态性，并建立了杂交种的SSR指纹图谱用于分子鉴定和纯度检测；从217对引物中筛选出21对多态性引物，构建了苏杂118的SSR指纹图谱，实现了对苏杂118真实性和纯度的快速鉴定；选用77对SSR多态性引物，对棉花杂交种兴杂2号及其亲本纯度进行了检测，结果发现该方法能够准确地鉴定出兴杂2号及其亲本间的差异，为兴杂2号品种的纯度鉴定提供了一个准确、快捷、实用的检测方法；以分布于棉花26条染色体的36对SSR引物为核心标记，对6份中棉所系列杂交种进行纯度检测，经过比对田间表型与分子鉴定结果，得到了二者之间的相关性，为棉花品种纯度检测提供了参考；选择105对均匀分布于染色体的引物，对棉属6个种的12个基因型进行了多态性分析，揭示了棉属种间和陆地棉种内的DNA多态信息；以12个棉花常规品种为材料，选用78个SSR标记对其进行标记基因型分析，通过分析异形单株率和非纯SSR位点率对品种遗传纯度的影响，最终建立了利用SSR分子标记鉴定棉花品种纯度的方法；利用SSR检测技术，对2015年我国主推棉花杂交品种真实性和纯度进行了鉴定分析，发现杂交种的制种品质有明显提高。以上均说明基于DNA-SSR分子检测工作开展以来，伪种子的现象得到了有效的遏制。

二、试验材料与方法

品种真实性和纯度是种子质量的重要指标，《农作物种子检验规程》中定义，品种真实性（cultivar genuineness或trueness）是指一批种子所属品种与文件（品种证书、标签等）是否相同，是否符合其实；而品种纯度（varietal purity）

则是指品种在特征、特性方面典型一致的程度。品种混杂和纯度降低会明显降低作物产量、影响作物品质，相关研究发现种子纯度每降低1%，棉花减产可达100kg/hm²。近年来，我国棉花品种"套牌""冒牌"现象严重，品种质量较差，严重影响棉花生产安全和健康发展，因此，生产和市场迫切需要一种科学有效的品种鉴定方法。长期以来，国内外棉花品种真实性和纯度鉴定的权威方法，仍是以形态学为基础的田间小区种植鉴定法。由于许多形态学性状鉴定周期长、调查性状易受栽培条件及环境因素影响，使其时效性和可靠性受到一定限制，难以及时监控市场上的种子质量问题、解决品种侵权等纠纷。

　　分子生物学的发展使农作物品种鉴定进入到了基因水平，其中以微卫星序列为基础的SSR标记具有扩增稳定可靠、重复性好等优点，因此被广泛地应用于棉花品种鉴定。目前利用分子标记对棉花品种进行真实性鉴定和纯度检测的研究主要是针对杂交种，有关常规种的研究报道还比较少。李雪源团队利用26对均匀分布于染色体上的SSR标记对棉花品种真实性和纯度进行分析研究，并针对如何提高检测效率、降低检测成本，提出了合理混合DNA样品的方法，确定了一种快速鉴定棉花常规品种真实性与纯度的SSR分子标记方法，为今后棉花品种鉴定提供分子水平上的依据。

（一）试验材料与取样方法

　　棉花品种真实性鉴定选用常规品种源棉6号、新陆早13、新陆早26、新陆早37、新陆中9号、新陆中37、鲁棉研28、中棉所35、中棉所41、中棉所43共10个品种为材料，每个品种随机选取15个单株，每5个单株DNA等量混合进行SSR分析，SSR位点有2个或2个以上等位变异的组，再对构成混样的5个单株DNA进行检测。

　　棉花品种纯度SSR检测与田间鉴定选用常规品种中棉所49、源棉1号、源棉2号和源棉6号为材料，每个品种取100个单株，对单株DNA进行SSR检测；在盛铃期（白静，2011）分别调查4个品种纯度，调查性状包括株型、铃形、叶形等，作为田间品种纯度鉴定的依据。

（二）试验方法

　　1.棉花基因组DNA的提取　采用改良CTAB法快速提取棉花基因组DNA。利用紫外分光光度计检测DNA纯度和浓度，通过1%的琼脂糖凝胶电泳进一步确定其质量。

　　2.SSR扩增与电泳分析　SSR引物信息来源于CMD数据库（http：//www.cottonmarker.org）、CottonDB数据库(http：//www.cottondb.org)以及文献资料已公布的引物。采用10 μL PCR反应体系，产物在8%的非变性聚丙烯酰胺凝胶上分离，利用快速银染法染色。

3.数据记录与位点判读　真实性鉴定：利用均匀分布的26对核心标记，将供试样本电泳谱带与标准样品比较，根据谱带一致性判定供试样品的真实性，结果用不同、近似、相同表示。当供试样品与标准样品差异位点＞2时，判定为不同品种；当差异位点≤2时，判定为相似品种；若供试样品与标准样品无差异位点，则判定为相同品种。

纯度鉴定：从供试样品中随机选取100个单株作为检测样本，根据真实性鉴定时核心引物的扩增结果，分别选取5对特征引物作为纯度检测标记，结果按公式计算：$P=(N_T - N_D)/N_T×100\%$，式中，P为品种纯度（%），N_T为供检品种总株数，N_D为杂株数，以平均值表示该品种的纯度值。

（三）SSR标记多态性分析

以8份遗传背景差异较大的品种对分布于棉花全基因组的586对多态性引物进行初步筛选，随后利用120份具有广泛代表性的材料复筛，最终确定26对多态性高、带形清晰的SSR引物定为本次试验的核心引物（表4-1）。26对核心引物均匀分布于棉花26条染色体上，在120份复筛材料上共检测到138个等位基因变异，平均每个SSR有5.31个，变幅为2～9，其中具有多态性的位点为129个，多态性比率达93.48%。26对核心引物总体上鉴别能力尚可，进行棉花品种的鉴定是可行的。

表4-1　用于棉花品种鉴定研究的26对SSR核心引物

引物名称	染色体定位	正向引物序列	反向引物序列
NAU2083	ch01	AGAAGAGGTTGACGGTGAAG	TGAGTGAAGAACCTGCACAT
NAU2277	ch02	GAACTAGCCACATGATGCAC	TTGTTGAGGCATTAGTTTGC
NAU1071	ch03	ACCAACAATGGTGACCTCTT	CCCTCCATAACCAAAAGTTG
BNL530	ch04	CGTAGGATGGAAACGAAAGC	GCCACACTTTTCCCTCTCAA
NAU1200	ch05	CAACAGCAACAACCACAA	CTGCCTCGAGGACAAATAGT
CGR5651	ch06	TTTGGCTTAGCATTTGGAGG	CCGATCACTGTCCGTCTCTT
BNL1694	ch07	CGTTTGTTTTCGTGTAACAGG	TGGTGGATTCACATCCAAAG
DPL0111	ch08	CTTTCATAATACATACGCCTTGCC	TCACAGCATCCTATCAGGTATCAG
CGR5707	ch09	AAACCCGATATCCTTAGCCTTT	GGAAAGGAGGAAGAGGAGGA
NAU879	ch10	AGGAACCGATTCAAAGCTAA	TTTCCCCATTCTTGGTTAAG
BNL3442	ch11	CATTAGCGGATTTGTCGTGA	AACGAACAAAGCAAAGCGAT
BNL598	ch12	TATCTCCTTCACGATTCCATCAT	AAAAGAAAACAGGGTCAAAAGAA
CGR5576	ch13	CGGTTCAACCCGACTGTTT	GAGGAAAGAAAGGAAGAGAGGG
CIR246	ch14	TTAGGGTTTAGTTGAATGG	ATGAACACACGCACG

（续）

引物名称	染色体定位	正向引物序列	反向引物序列
NAU3736	ch15	CATGTGCATTTCATCCTGTC	CCAAGTGAGAGGCATTTTCT
MUSS95	ch16	GCAACCATTAATTAAGCAAGTAACAA	CGAAGAATATGTGAACCTACAGAAAC
HAU1413	ch17	CTGACTTGGACCGAGAACTT	AACCAGGACCGATGAAATAA
TMB2295	ch18	TGAGTTCATGTTCCCCACTG	CTAAACATACTCTGTCAAACAC
BNL3977	ch19	ATCCAAACCAACCATGCAAT	GAAGGGGTTTGCATTTCAA
JESPR190	ch20	GCCCGCCATCTTTGAGGATCCG	GGCAAAACTTGACAATTTTCTCGGC
JESPR158	ch21	CACCATTCGGCAGCTATTTC	CTGCAAACCCTAGCCTAGACG
NAU2026	ch22	GAATCTCGAAAACCCCATCT	ATTTGGAAGCGAAGTACCAG
JESPR13	ch23	GCTCTCAAATTGGCCTGTGT	GGTGGAGGCATTCCTGCTAAC
BNL3860	ch24	GAGGAATTGAGCATTGGGAA	TGCTGCACATCATGAATGAA
BNL3937	ch25	ACATCAAACAAAGCAAGCCA	ATCTCTGTTTTCTCCCCCGT
NAU1042	ch26	CATGCAAATCCATGCTAGAG	GGTTTCTTTGGTGGTGAAAC

三、新疆陆地棉品种真实性鉴定

（一）取样量的确定

进行品种真实性研究时，单个植株无法代表整个品种群体的基因型信息。综合考虑工作量大小以及操作可行性，本试验将品种真实性鉴定的样品量确定为15个单株，再将单株DNA合并为若干混合样本进行SSR分析。

为确定混合样本中个体DNA份数，将A（新陆早26）和B（新陆中37）两个品种按10∶0、9∶1、8∶2、7∶3、6∶4、5∶5、4∶6、3∶7、2∶8、1∶9、0∶10的比例混合DNA，分别记作样1～样11，利用多态性SSR引物对11个样本进行PCR扩增，扩增产物表现为两个品种的杂合带形（图4-1）。随

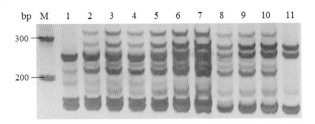

图4-1　A和B 不同比例DNA混合样本标记扩增结果

注：M：marker；1～11：两个品种DNA按10∶0、9∶1、8∶2、7∶3、6∶4、
5∶5、4∶6、3∶7、2∶8、1∶9、0∶10比例混合的11个样品。

着两个品种DNA浓度在各个样本中比例的改变，其PCR产物中两个品种的带纹清晰度也逐渐加强或减弱。

结果表明，检测到供试品种和杂株的多态性位点时，混合样本中的杂株达到20%，杂株带形清晰可见。据此认为5个单株DNA合并为1个混合样本最为合理。只要该混合样本中有1个杂株，此位点的带形将表现为测试品种与杂株的杂合带形，进一步检测5个单株，便能找出与其余4株带形不同的单株。

（二）真实性鉴定的结果判定

选取10个棉花常规品种为研究对象，对其进行编号（表4-2），随机选取15株源棉6号品种，以5个单株DNA均匀混合为1组，制成3个样本（A1、A2、A3）作为标准样品。将供试样品也按照上述方法制成3个样本（X1、X2、X3），利用26对核心标记进行扩增分析，通过对比供试样品与标准样品整体图谱的差异位点，判断待检样品的真实性。

表4-2　用于真实性鉴定的10个常规棉花品种

编号	品种名称	系谱来源
标准样品	源棉6号	自育品系AY4系统选育
A	源棉6号	自育品系AY4系统选育
B	新陆早13	自育83-14×（中无5601＋1693）
C	新陆早26	新陆早8号系选
D	新陆早37	（辽83421×系5）×（辽9001＋系5＋90-2）Xi5＋90-2）
E	新陆中9号	新陆中4号系选
F	新陆中37	B23×渝棉1号
G	鲁棉研28	（鲁棉14×石远321）F₁×（5186系＋豫棉19、中棉所12、中棉所19、秦远142、鲁8784等混合花粉）后代系统选育
H	中棉所35	中23021×（中棉所12×川1704）
I	中棉所41	Bt＋CpTI双价抗虫基因，通过花粉管通道法导入中棉所23中，经过多年选育而成
J	中棉所43	石远321×5716

（三）同一样品3组混样间差异位点分析

通过对比同一样品3组混合样本电泳图谱发现（图4-2），源棉6号和中棉所43的3组混合样本在26个标记中谱带均一致；其余8个品种3组混合样本之间存在4～13个差异位点。对于相同位点谱带不一致的3组混合样本，进一步分析构成该混样的15个单株图谱（图4-3），确定非本品材料。

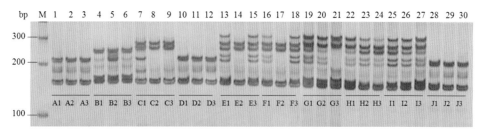

图4-2　引物NAU2083在不同品种3组混合样本中的扩增结果

注：M：marker；1～30：参试品种电泳扩增效果图；A～J：10个参试品种。

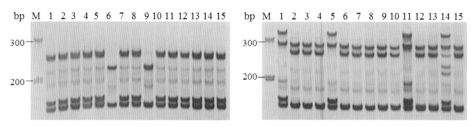

图4-3　引物NAU2083在15个单株（新陆早13和新陆中37）的扩增结果

注：M：marker；左：新陆早13的电泳扩增图；右：新陆中37的电泳扩增图。

　　10个供试样品中，仅A1～A3样品与标准样品在26个位点上扩增图谱完全一致，判定为相同品种；其余样品与标准样品间存在8～18个差异位点（图4-4），判定为不同品种。事实上A1～A3样品即为源棉6号品种的3个分样。

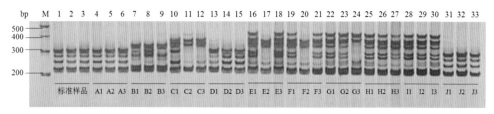

图4-4　引物CGR5707在标准样品与10个供试样品的扩增结果

　　利用该方法不仅实现了供试样品与标准样品的鉴定，而且10个供试样品也能够相互区分，统计结果如表4-3。26对核心引物成功鉴定出了10份棉花材料的真实性，说明所选核心引物具有鉴别能力和区分能力。

表4-3　10份供试样品真实性鉴定结果统计表

编号	3组混样间差异位点数	供试样品与标准样品间差异位点数
A	0	0
B	8	14
C	10	13
D	6	8
E	13	17
F	8	16
G	11	11
H	5	15
I	10	18
J	4	10

四、新疆陆地棉品种纯度检测

（一）SSR分子检测

分别从26对核心引物中筛选5对特征引物作为纯度检测标记（表4-4），采用单位点平均法统计4份常规棉品种100个单株的纯度检测结果（图4-5）。带形统计结果表明，同一品种不同引物的一致性带形存在较大的差异，中棉所49在5对引物中的一致性变化范围在94％～98％，平均95.3％，经统计，源棉1号品种的纯度为90.5％，源棉2号品种的纯度为94.7％，源棉6号品种的纯度为98％。

表4-4　常规棉品种纯度检测引物信息表

品种名称	特征引物	品种名称	特征引物	品种名称	特征引物	品种名称	特征引物
中棉所49	BNL3442	源棉1号	BNL530	源棉2号	HAUI413	源棉6号	JESPR13
	BNL3860		BNL598		MUSS95		CGR5651
	JESPR190		CGR5707		NAU2277		CIR246
	JESPR158		CGR5576		NAU2083		TMB2295
	BNL1694		DPL0111		NAU1071		NAU1200

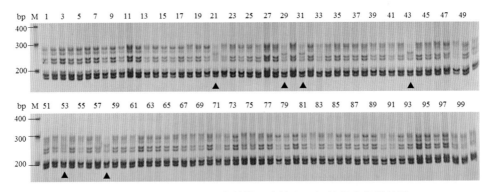

图4-5　引物BNL3860在100个单株（中棉所49）的纯度扩增结果

注：M：marker；1～100：100个单株的电泳扩增效果图；▲：检出的杂株。

（二）SSR分子检测与田间种植鉴定分析

为了进一步验证分子检测结果的可靠性，根据中棉所49、源棉1号、源棉2号、源棉6号品种区域试验和审定所描述的田间表形性状，在盛铃期对其进行调查（表4-5）。

表4-5　4个棉花品种纯度的田间形态鉴定结果

品种名称	杂株数	总株数	纯度值（%）
中棉所49	3	100	97
源棉1号	8	100	92
源棉2号	4	100	96
源棉6号	1	100	99

结果显示两种方法鉴定结果一致，其纯度由高到低均为源棉6号＞中棉所49＞源棉2号＞源棉1号，但同一品种的纯度田间种植鉴定结果均高于分子标记检测结果(表4-6)。

表4-6　分子标记鉴定法与田间形态鉴定结果比较

鉴定方法	中棉所49	源棉1号	源棉2号	源棉6号
田间形态鉴定	97.0	92.0	96.0	99.0
分子标记鉴定	95.3	90.5	94.7	98.0

SSR检测结果与田间种植检测结果具有正相关性。SSR标记技术在品种真实性鉴定和纯度检测中具有较强的可行性。

五、品种真实性和纯度鉴定的可靠性

品种真实性和纯度鉴定结果是棉花质量监控和品种权保护的依据。利用SSR标记进行品种真实性鉴定和纯度检测在大多作物中已有报道，在棉花品种鉴定研究中也取得了一定进展。随着分子标记技术不断简化，完成1个品种鉴定的试验仅需1d左右，与形态标记相比，具有准确、快速、经济的优势。

利用SSR标记进行品种鉴定，引物的筛选是关键。前人研究认为，选择标记时应尽量覆盖到棉花的26条染色体。本书以具有典型代表性的材料，从分布于棉花全基因组的586对SSR标记中筛选出26对具有稳定多态性的引物，作为SSR分子鉴定的核心标记，26对核心标记均匀分布于棉花26条染色体上。每条染色体上选择1对引物，能最大限度地减少位点间的连锁，以保证进行真实性和纯度鉴定时结果的可靠性。

真实性鉴定涉及不同样品之间的关系，检测结果用不同、近似、相同表示。结果判读时，设定不同棉花品种界定以2个差异标记为限：当两个品种混样图谱之间＞2差异标记时，可判读为不同品种；当两品种混样图谱之间有≤2个差异标记时，可判读为近似品种或相同品种。26个核心标记不仅实现了不同供试样品与标准对照的鉴定，且不同样品间也能相互区分。棉花是常异花授粉作物，天然异交率达5%～20%，种群内遗传多样性丰富，研究发现，当取样量为3个单株时，所包含的遗传变异占比为82.4%～92.3%，随着取样量的增加，所包含的遗传变异占比也随之增加。当取样量在12个及12个以上单株时，品种包含的遗传变异占比均超过95%，且随着取样量的增加占比变化幅度不显著。本书选定的15个单株取样量，既能较好地满足群体遗传信息的要求，又能合理控制工作量。混合样品法能够提高鉴定效率，本试验先对5个单株叶片的DNA等量混合进行SSR鉴定，对于同一位点上谱带不一致的组，再对构成各组混样的单株进行检测。这种先采用混合取样进行鉴定，再对表现杂合的组进行个体鉴定的方法，使工作量减少了4/5，远比对单株进行检测节省时间和成本。

品种纯度的鉴定则以本品种的株数占供检样品总株数的百分率表示，匡猛等认为用SSR标记鉴定棉花品种纯度时，不同的统计方法与标记类型获得的分子标记检测结果差异较大；也有研究认为对于纯度较高的品种只需要2～4对引物即可获得满意的检测结果，但对于纯度较低的棉花品种，则至少需要5对引物，甚至10对引物才可以获得较为精确的检测结果。本研究利用5个核心标记采用单位点平均法统计样品纯度。SSR标记检测结果均低于田间检测结果，且SSR标记检测纯度较低的品种，田间检测纯度也相对较低，反过来也是如此，二者呈正相关性，表明SSR标记检测结果在一定程度上可以反应形态学检测的品种纯度高低。

CS 65.020.01
B 61

DB65

新 疆 维 吾 尔 自 治 区 地 方 标 准

DB 65/T 4278—2019

棉花品种纯度鉴定技术规程
SSR分子标记法

2019－12－01发布　　　　　　　　2020－01－01实施

新疆维吾尔自治区市场监督管理局　发布

前　言

本标准依据GB/T 1.1—2009《标准化工作导则第1部分：标准的结构和编写》的规则起草。

本标准由新疆农业科学院经济作物研究所提出。

本标准由新疆维吾尔自治区农业农村厅归口并组织实施。

本标准起草单位：新疆农业科学院经济作物研究所。

本标准主要起草人：艾先涛、李雪源、龚照龙、梁亚军、王俊铎、郑巨云、王欣怡、孙国清、郭江平、买买提·莫明。

本标准实施应用中的疑问，请咨询自治区农业农村厅质量安全监管处、新疆农业科学院经济作物研究所。

对本标准的修改意见建议，请反馈至自治区市场监督管理局（乌鲁木齐市新华南路167号）、新疆农业科学院经济作物研究所（乌鲁木齐南昌路403号）。

自治区市场监督管理局　联系电话：0991-2817197；传真：0991-2311250；邮编：830004

自治区农业农村厅质量安全监管处　联系电话：0991-2878226；邮编：830049

新疆农业科学院经济作物研究所　联系电话：0991-4530015；传真：0991-4514417；邮编：830091

棉花品种纯度鉴定技术规程
SSR分子标记法

1 范围

本标准规定了利用简单重复序列分子标记进行棉花品种纯度鉴定的原理、仪器设备及试剂、溶液配制、试验设置、棉花品种纯度鉴定的要求。

本标准适用于基于简单重复序列（简称"SSR"）分子标记的棉花品种纯度鉴定。

2 规范性引用文件

下列文件对于本文件的应用是必不可少的。凡是注日期的引用文件，仅所注日期的版本适用于本文件。凡是不注日期的引用文件，其最新版本（包括所有的修改单）适用于本文件。

GB/T 3543.5　农作物种子检验规程　真实性和品种纯度鉴定

GB 4407.1　经济作物种子　第1部分：纤维类

3 术语与定义

下列术语和定义适用于本文件。

3.1 品种纯度 purity of variety

指品种在特征特性方面典型一致的程度，用本品种的种子数占供检本作物种子数的百分率表示。

3.2 核心引物 core primer

指进行品种鉴定时优先选用的一套SSR引物，具有多态性高、扩增清晰稳定、重复性好等综合特征，可用于品种纯度鉴定。

3.3 简单重复序列 simple sequence repeat

有几个核苷酸为重复单元的长达几十至几百个核苷酸的串联重复序列；由于基本单元重复次数的不同，而形成SSR座位的多态性；根据SSR座位两侧保守的单拷贝序列设计特异性引物来扩增SSR序列，即可揭示其多态性。

4 原理

品种的不同本质上是由于其遗传物质DNA核苷酸序列不同所致。SSR广泛分布于棉花整个基因组中，根据微卫星序列两端互补序列设计引物，通过PCR反应扩增微卫星片段，由于核心序列串联重复数目不同，因而能够用PCR的方法扩增出不同长度的扩增产物，将扩增产物进行凝胶电泳，经硝酸银染色，可辨别SSR电泳谱带。通过选用品种间具有多态性的SSR引物，根据PCR扩增产物电泳谱带差异，鉴定棉花品种纯度。

5　仪器设备及试剂

仪器设备及试剂见附录A。

6　溶液配制

溶液配制方法见附录B。

7　试验设置

7.1　样品准备

每份样品检测100个单株，进行单株DNA分析。

7.2　DNA的提取

a）液氮/石英砂研磨叶片干样（嫩叶）0.2g，放入2.0mL离心管内；

b）向离心管中加入800μL Solution Ⅰ，30μL β-巯基乙醇，充分混匀，12 000r/min离心10 min，弃上清液；

c）于沉淀中加入800μL Solution Ⅱ，30μL β-巯基乙醇，轻摇混匀，65℃水浴40min，期间翻转混匀3次；

d）加入800μL氯仿-异戊醇（V：V=24：1）混合液，翻转5～10min，12 000r/min离心10min，将上清液转至新离心管，弃沉淀；

e）于上清液加入等体积氯仿-异戊醇（V：V=24：1），轻摇3～5min，12 000r/min离心5min，再将上清液转至新离心管，弃沉淀；

f）于上清液中加入等体积异丙醇（−20℃），轻摇30次混匀，静置10min，12 000r/min离心10min，弃上清液；

g）于沉淀中加入70%乙醇洗涤，轻摇使乙醇与沉淀充分接触，倒掉乙醇，重复一次；

h）使用90%乙醇洗涤一次，倒掉乙醇，通风干燥沉淀；

i）加入200μL TE缓冲液，溶解DNA，检测DNA浓度，−20℃保存备用。

7.3　PCR扩增

7.3.1　反应体系

10μL的反应体积：DNA模板（60ng/μL）1μL，正、反向引物（4pmol/μL）各0.4μL，10×Buffer1μL，dNTP（2.5mmol/L）0.8μL，Taq酶（5U/μL）0.1μL和ddH₂O 6.3μL，在PCR扩增仪上进行扩增。

7.3.2　反应程序

95℃预变性4min，1个循环；94℃变性45s，55℃退火35s，72℃延伸45s，

共35个循环；72℃延伸7min，4℃保存。

7.4　PCR产物检测

SSR扩增产物采用8%的非变性聚丙烯酰胺凝胶电泳进行检测，该方法技术成熟，操作简便且成本低廉，适宜于大量引物的筛选和样品检测。电泳分离的SSR片段用银染法染色。具体步骤如下：

7.4.1　电泳样品准备

在10μL PCR产物中加入1.2μL上样缓冲液（2.5mg/mL溴酚蓝、40%（m/V）蔗糖），充分混匀。

7.4.2　凝胶制备

用自来水清洗长、短玻璃板，用去离子水冲洗后晾干；将玻璃板安装到胶框上（胶厚1.0mm），用1%琼脂糖封底；待琼脂糖凝固后，将封好的胶框安装至电泳槽上，拧紧螺栓，胶框上沿应注意保持水平；在一定体积的8%非变性聚丙烯酰胺溶液中加入0.5%体积的10%过硫酸铵溶液和0.1%体积的N，N，N′，N′-四甲基乙二胺（TEMED，充分混匀后，立即灌胶；灌胶后及时插入梳齿。

7.4.3　预电泳

待凝胶凝固后加入1×TBE电泳缓冲液，中间的液面应超过内侧的玻璃板上缘，两侧的液面应漫过铂金丝（电泳缓冲液可反复使用多次，每周更换一次）；拔出梳齿；100V恒压，预电泳10～30min。

7.4.4　电泳

用移液器冲洗胶孔，清除气泡和杂质；每孔加样1～3μL；200～250V恒压，电泳1～2h，溴酚蓝指示剂电泳到中部即可。

7.4.5　拆胶

关闭电源，取下玻璃板，将两块玻璃板轻轻撬开，将凝胶从玻璃板上剥离，并及时做记号以区别胶板。

7.4.6　银染分析

将凝胶浸入固定液中，置于摇床上摇动固定10min（固定液的量可根据胶板数量和大小调整，以没过胶面为准）；0.2% AgNO$_3$渗透液摇动渗透12min，用适量ddH$_2$O快速漂洗2～3次，每次时间不超过25s；在新配制的显影液中摇动直至显出清晰的条带；可在胶片观察灯上直接记录或用数码相机照相记录。

7.5　引物

品种纯度鉴定的引物见规范性附录C。

7.6　SSR扩增图谱的判读

对棉花SSR图谱进行数据记录时，采用每对引物在不同品种中扩增出的整体带型为单位进行数据记录。在进行棉花品种纯度鉴定时，可根据每个单株材料扩增出的整体带型，比对100个单株整体带型差异。

8　棉花品种纯度鉴定

8.1　棉花品种纯度鉴定引物的选择

本标准中，每份受检品种分别从核心引物中筛选5对引物用于SSR纯度检测，以保证检测的准确性，并提高检测效率。

8.2　棉花品种纯度SSR分子检测

每份受检品种随机选取100个单株作为检测样本，每个品种分别选取5对特征引物作为纯度检测标记，结果按公式计算：$P=(N_T-N_D)/N_T\times100\%$，式中，$P$为品种纯度（%），$N_T$为供检品种总株数，$N_D$为杂株数，以平均值表示该品种的纯度值。

8.3　棉花品种纯度的判读

按GB 4407.1的规定执行。棉花常规种原种纯度（光籽或包衣种）应≥99%、良种（大田用种）（光籽或包衣种）纯度应≥95%以上；棉花杂交种亲本纯度应≥99%、杂交一代种毛籽纯度应≥95%以上，杂交一代种光籽纯度应≥99%以上；否则即为品种纯度不达标。

附录A

（规范性附录）

主要仪器设备及试剂

A.1　主要仪器设备

A.1.1　PCR扩增仪

A.1.2　高压电泳仪：规格为3 000V、400mA、400W，具有恒电压、恒电流和恒功率功能

A.1.3　垂直电泳槽及配套的制胶附件

A.1.4　普通电泳仪

A.1.5　水平电泳槽及配套的制胶附件

A.1.6　高速冷冻离心机：最大离心力不小于15 000g

A.1.7　水平摇床

A.1.8　胶片观察灯

A.1.9　电子天平：感应为0.01g、0.001g

A.1.10　微量移液器：规格分别为2.5μL、10μL、20μL、100μL、200μL、1 000μL，连续可调

A.1.11　磁力搅拌器

A.1.12　紫外分光光度计：波长260nm、280nm

A.1.13　微波炉

A.1.14　高压灭菌锅

A.1.15　酸度计

A.1.16　水浴锅或金属浴：控温精度 ±1℃

A.1.17　冰箱：最低温度 － 20℃

A.1.18　制冰机

A.1.19　凝胶成像系统或紫外透射仪

A.2　主要试剂

A.2.1　十六烷基三乙基溴化铵（CTAB）

A.2.2　三氯甲烷

A.2.3　异丙醇

A.2.4　异戊醇

A.2.5　乙二胺四乙酸二钠（EDTA-Na_2·$2H_2O$）

A.2.6　三羟甲基氨基甲烷（Tris-Base）

A.2.7　盐酸：37%

A.2.8　氢氧化钠

A.2.9　氯化钠

A.2.10　10×Buffer缓冲液：含Mg^{2+} 25mmol/L

A.2.11　dNTP

A.2.12　Taq DNA聚合酶

A.2.13　矿物油

A.2.14　琼脂糖

A.2.15　DNA分子量标准

A.2.16　溴酚蓝

A.2.17　甲叉双丙烯酰胺

A.2.18　丙烯酰胺

A.2.19　硼酸

A.2.20　无水乙醇

A.2.21　四甲基乙二胺

A.2.22　过硫酸铵

A.2.23　冰醋酸

A.2.24　乙酸铵

A.2.25　硝酸银

A.2.26　甲醛

A.2.27　N，N，N′，N′-四甲基乙二胺（TEMED）溶液

A.2.28　聚乙烯吡咯烷酮（PVP）

附录B

（规范性附录）

溶液配制

B.1　DNA提取溶液的配制

B.1.1　Solution Ⅰ提取液：

葡萄糖：6.94g

Tris-HCl：1.2g

PVP-40：20g

EDTA：0.186g

加ddH$_2$O定容至100mL

B.1.2　Solution Ⅱ裂解液：

Tris-HCl：1.21g

　　　　PVP-40：2.0g

　　　　EDTA：0.744g

　　　　NaCl：8.766g

　　　　CTAB：2.0g

　　　　Cu^{2+} Regert：0.2g

　　　　Vc（抗坏血酸）：0.1g

　　　　加 ddH_2O 定容至100mL

B.2　非变性聚丙烯酰氨凝胶电泳溶液的配制（表B.1）

B.2.1　30%甲叉溶液配制方法：丙烯酰胺290g和甲叉双丙烯酰胺10g，定容至 1 000mL

B.2.2　5×TBE（电泳缓冲液）：硼酸27.5g、Tris54g和EDTA3.732g，定容至 1 000mL

B.2.3　10% APS溶液：1g APS粉剂，定容至10mL

B.2.4　溴酚蓝指示剂：溴酚蓝粉剂0.25g和蔗糖40g，加入80mL蒸馏水搅拌均匀

B.2.5　8% PAGE凝胶的制备

表B.1　不同季节聚丙烯酰氨凝胶配方表

配方	夏季	冬季
30%甲叉溶液	10.8mL	13.3mL
5×TBE	8mL	10mL
ddH_2O	21.2mL	25.5mL
10% APS溶液	700μL	1 000μL
TEMED溶液	30μL	30μL

B.3　银染溶液的制备

B.3.1　固定液：量取5mL冰醋酸和25mL无水乙醇，加去离子水定容至500mL

B.3.2　染色液：称取1g硝酸银，溶于400mL去离子水中

B.3.3　显影液：称取7g氢氧化钠，溶于500mL去离子水中，再加入700μL甲醛溶液

附录C
（资料性附录）
核心引物

表C.1　核心引物

编号	引物名称	染色体位置	上游引物5'_3'	下游引物5'_3'
1	NAU2083	ch01	AGAAGAGGTTGACGGTGAAG	TGAGTGAAGAACCTGCACAT
2	NAU2277	ch02	GAACTAGCCACATGATGCAC	TTGTTGAGGCATTAGTTTGC
3	NAU1071	ch03	ACCAACAATGGTGACCTCTT	CCCTCCATAACCAAAAGTTG
4	BNL530	ch04	CGTAGGATGGAAACGAAAGC	GCCACACTTTTCCCTCTCAA
5	NAU1200	ch05	CAACAGCAACAACCACAA	CTGCCTCGAGGACAAATAGT
6	CGR5651	ch06	TTTGGCTTAGCATTTGGAGG	CCGATCACTGTCCGTCTCTT
7	BNL1694	ch07	CGTTTGTTTTCGTGTAACAGG	TGGTGGATTCACATCCAAAG
8	DPL0111	ch08	CTTTCATAATACATACGCCTTGCC	TCACAGCATCCTATCAGGTATCAG
9	CGR5707	ch09	AAACCCGATATCCTTAGCCTTT	GGAAAGGAGGAAGAGGAGGA
10	NAU879	ch10	AGGAACCGATTCAAAGCTAA	TTTCCCCATTCTTGGTTAAG
11	BNL3442	ch11	CATTAGCGGATTTGTCGTGA	AACGAACAAAGCAAAGCGAT
12	BNL598	ch12	TATCTCCTTCACGATTCCATCAT	AAAAGAAAACAGGGTCAAAAGAA
13	CGR5576	ch13	CGGTTCAACCCGACTGTTT	GAGGAAAGAAAGGAAGAGAGGG
14	CIR246	ch14	TTAGGGTTTAGTTGAATGG	ATGAACACACGCACG
15	NAU3736	ch15	CATGTGCATTTCATCCTGTC	CCAAGTGAGAGGCATTTTCT
16	MUSS95	ch16	GCAACCATTAATTAAGCAAGTAACAA	CGAAGAATATGTGAACCTACAGAAAC
17	HAU1413	ch17	CTGACTTGGACCGAGAACTT	AACCAGGACCGATGAAATAA
18	TMB2295	ch18	TGAGTTCATGTTCCCCACTG	CTAAACATACTCTGTCAAACAC
19	BNL3977	ch19	ATCCAAACCAACCATGCAAT	GAAGGGGTTTTGCATTTCAA
20	JESPR190	ch20	GCCCGCCATCTTTGAGGATCCG	GGCAAAACTTGACAATTTTCTCGGC
21	JESPR158	ch21	CACCATTCGGCAGCTATTTC	CTGCAAACCCTAGCCTAGACG
22	NAU2026	ch22	GAATCTCGAAAACCCCATCT	ATTTGGAAGCGAAGTACCAG
23	JESPR13	ch23	GCTCTCAAATTGGCCTGTGT	GGTGGAGGCATTCCTGCTAAC

（续）

编号	引物名称	染色体位置	上游引物5'_3'	下游引物5'_3'
24	BNL3452	ch24	TGTAACTGAGCAGCCGTACG	GCCAAAGCAGAGTGAGATCC
25	BNL3937	ch25	ACATCAAACAAAGCAAGCCA	ATCTCTGTTTTCTCCCCCGT
26	NAU1042	ch26	CATGCAAATCCATGCTAGAG	GGTTTCTTTGGTGGTGAAAC

参考文献

艾先涛，李雪源，秦文斌，等，2005.新疆陆地棉育种遗传组分拓展研究.分子植物育种，3 (4): 575-578.

艾先涛，李雪源，莫明，等，2007.优质多抗转基因棉花新陆棉1号.中国棉花(6).

别墅，孔繁玲，周有耀，等，2001.中国3大主产棉区棉花品种遗传多样性的RAPD及其与农艺性状关系的研究.中国农业科学，34 (6): 597-603.

陈光，2005.我国陆地棉基础种质及其衍生品种的遗传多样性.北京：中国农业科学院.

刁明，褚贵新，李少昆，等，2002.北疆50年来主栽棉花品种亲缘关系的研究.中国农业科学，35 (12): 1456-1460.

邓福军，林海，孔宪良，等，2005.新疆棉花生产现状与育种方向.新疆农垦科技(6): 57-58.

董玉琛，刘旭，1998.中国作物野生近缘植物及其保护// 中国科学院生物多样性委员会，林业部野生动物和森林植物保护司，国家环保局自然保护司，中国农业科学院，国家教委科技司编.生物多样性与人类未来.北京：中国林业出版社：24-29.

杜雄明，刘国强，2004.论我国棉花育种的基础种质.植物遗传资源学报(1): 69-74.

段春燕，侯小改，张亚兵，等，2006.棉花转基因技术和转基因棉花.生物学通报，41 （7）.

高新康，胡洁，2006.兵团机采棉推广现状及政策建议.中国农垦(9): 17-18.

郭江平，曾丽萍，2005.新疆新陆早系列品种系谱分析与育种方向.植物遗传资源学，6 (3): 335-338.

耿川东，龚纂纂，黄骏麒，等，1995.用RAPD鉴定棉花品种间差异.江苏农业学报，11(4): 21-24.

郭旺珍，周兆华，张天真，等，1999.RAPD鉴定棉花抗(耐)黄萎病品种(系)的遗传变异研究.江苏农业学报，15 (1): 1-6.

贺道华，邢宏宜，李婷婷，等，2010.92份棉花资源遗传多样性的SSR分析.西北植物学报，30 (8): 1557-1564.

黄滋康，1996.中国棉花品种系谱.北京：中国农业出版社.

黄滋康，季道藩，2003.中国棉花遗传育种学.济南：山东科学技术出版社.

黄滋康，2007.中国棉花品种及其系谱.北京：中国农业出版社.

贾士荣，郭三堆，安道昌，2001.转基因棉花.北京：科学出版社.

孔宪辉，邓福军，黄丽叶，等，2007.新疆兵团杂交棉育种研究进展.中国种业(7): 14-15.

刘文欣,孔繁玲,郭志丽,等,2003.建国以来我国棉花品种遗传基础的分子标记分析.遗传学报,30(6): 560-570.

李国英,霍向东,田新莉,等,2000.新疆棉花黄萎病菌的培养特性及致病性分化的研究.石河子大学学报,4(1): 8-15.

李培夫,2006.航天诱变育种技术在作物育种上的应用.种子科技(1).

李雪源,王俊铎,艾先涛,等,2009.依靠科技,让每公顷棉田生产出又好又多的棉花//中国棉花学会2009年年会论文汇编.

李瑞奇,马峙英,王省芬,等,2005.转基因抗虫棉农艺性状和纤维品质的遗传多样性.植物遗传资源学报,6(2): 210-215.

李武,倪薇,林忠旭,等,2008.海岛棉遗传多样性的SRAP标记分析.作物学报,34(5): 893-898.

凌磊,李廷春,李正鹏,等,2009.利用SRAP标记分析彩色棉与白色棉的遗传差异.中国农学通报,25(16): 32-38.

潘生,1987.民国时期新疆植棉概况//新疆统志农业志资料汇编.

潘家驹,1998.棉花育种学.北京:中国农业出版社.

钱能,2009.陆地棉遗传多样性与育种目标性状基因(QTL)的关联分析.南京:南京农业大学.

沈振国,刘友良,1998.重金属超量积累植物研究进展.植物生理学通讯,34(2): 133-139.

师维军,李雪源,徐利民,等,1999.棉花品种航天诱变研究.新疆农业大学学报,22(1): 73-76.

宋国立,崔荣霞,王坤波,等,1999.澳洲棉种遗传多样性的RAPD分析.棉花学报,11(2): 65-69.

孙济中,陈布圣,1999.棉作学.北京:中国农业出版社.

孙杰,褚贵新,1999.新疆特早熟棉区棉花品种主要性状演变趋势研究.中国棉花,26(7): 14-16.

田笑明,2000.宽膜植棉早熟高产理论与实践.北京:中国农业科技出版社.

吐尔逊江,李雪源,秦文斌,等,2007.新疆陆地棉种基础种质变化分析与创新.新疆农业科学(4).

王坤波,刘国强,1993.从我国棉花品种现状谈资源引种方向.中国棉花(3): 4-6.

王莉梅,石磊岩,1999.北方棉区黄萎病菌落叶型菌系鉴定.植物病理学报,29(2): 181-189.

王艳芳,王世恒,祝水金,2006.航天诱变育种研究进展.西北农林科技大学学报(自然科学版),34(1).

王彦霞,王省芬,马峙英,2006.棉花转基因技术的研究及应用.华北农学报(Z1): 41-45.

卫泽,孙学振,宋宪亮,等,2010.国内外57份棉花种质资源的遗传多样性研究.山东农业科学(6): 13-18.

吴大鹏,房嫌嫌,马梦楠,等,2010.四个国家海岛棉品种资源的亲缘关系和遗传多态性研究.棉花学报,22(2): 104-109.

徐秋华,张献龙,冯纯大,等,2001.河北省和中棉所自育陆地棉品种的遗传多样性分析.棉花学报,13(4): 238-242.

徐秋华，2001. 长江、黄河两棉区陆地棉品种遗传多样性比较研究. 遗传学报，8(7): 683-690.

薛艳，张新宇，沙红，等，2010. 新疆早熟棉品种 SSR 指纹图谱构建与品种鉴别. 棉花学报，22 (4): 360-366.

喻树迅，范术丽，原日红，等，1998. 棉花航天诱变试验初报. 中国棉花，25(11): 11-13.

邹亚飞，简桂良，马存，等，2003. 棉花黄萎病菌致病型的 AFLP 分析. 植物病理学报，33(2): 135-141.

张冬玲，2008. 中国栽培稻的遗传演化及核心种质的构建. 北京：中国农业大学.

张莉，段维军，李国英，等，2006. 新疆棉花黄萎病菌病原群监测研究. 西北农林科技大学学报 (自然科学版)，34(11): 189-192.

周盛汉，2000. 中国棉花品种系谱图. 成都：四川科学技术出版社.

周亚立，李生军，刘向新，等，2005. 新疆生产建设兵团棉花生产机械化技术. 新疆农机化 (5).

朱青竹，赵国忠，赵丽芬，2002. 不同来源棉花种质资源基于 RAPD 的遗传变异. 河北农业大学 学报，25 (4): 17-19.

朱四元，陈金湘，刘爱玉，等，2006. 利用 SSR 标记对不同类型抗虫棉品种的遗传多样性分析. 湖南农业大学学报，32(5): 469-472.

陈亮，郑宇宏，范旭红，等，2016. 吉林省新育成大豆品种 SSR 指纹图谱身份证的构建. 大豆科 学 (6): 896-901.

陈洪，朱立煌，陈美玲，等，1996. 杂交水稻汕优 63 杂种纯度的 RAPD 鉴定. 科学通报 (9): 833-836.

戴冬青，张华丽，张萌，等，2017. 长江流域主要常规双季早籼稻的遗传相似性分析及指纹图谱 构建. 中国水稻科学 (1): 40-49.

窦俊辉，2010. 短季棉群体的 SOD 活性研究. 北京：中国农业科学院.

段艳凤，刘杰，卞春松，等，2009. 中国 88 个马铃薯审定品种 SSR 指纹图谱构建与遗传多样性分 析. 作物学报 (8): 1451-1457.

冯艳芳，曲延英，耿洪伟，等，2015. 20 份棉花品种 DNA 指纹图谱的构建. 作物杂志 (3): 64-69.

富昊伟，2002. 利用芽鞘及不完全叶颜色的差别鉴定水稻特定杂交组合种子纯度. 杂交水稻， 17(4): 27.

符家平，詹先进，陈全求，等，2013. SSR 指纹图谱在棉花杂交种 C111 纯度鉴定中的应用研究. 中国棉花 (12): 24-27.

符家平，詹先进，陈全求，等，2014. 田间鉴定杂交棉品种纯度的适宜时期和样本数. 棉花科学 (4): 26-28.

付小琼，杨付新，2016. 利用 SSR 分子标记鉴定中棉所 63 的真实性和纯度. 中国棉花 (2): 17-20, 23.

付小琼，杨付新，彭军，等，2016. 基于 DNA-SSR 分析 2015 年度我国主推棉花杂交种纯度. 中国 棉花 (11): 16-19.

盖树鹏, 2010. 玉米品种纯度SSR鉴定与田间鉴定的相关性. 华北农学报 (S1): 28-31.

郭旺珍, 张天真, 潘家驹, 等, 1996. 我国棉花主栽品种的RAPD指纹图谱研究. 农业生物技术学报 (2): 29-34.

金海国, 姜成国, 白红星, 等, 2002. 分子遗传标记及其分析技术的研究进展. 延边大学农学学报 (1): 55-59.

匡猛, 杨伟华, 张玉翠, 等, 2011. 棉花杂交种纯度的SSR标记检测及其与田间表型鉴定的相关性. 作物学报, 37: 2295-2305.

刘峰, 冯雪梅, 钟文, 等, 2009. 适合棉花品种鉴定的SSR核心引物的筛选. 分子植物育种, 7(6): 1160-1168.

聂新辉, 尤春源, 李晓方, 等, 2014. 新陆早棉花品种DNA指纹图谱的构建及遗传多样性分析. 作物学报, 40 (12): 2104–2117.

李雪源, 王俊铎, 梁亚军, 等, 2016. 新疆棉花质量效益规模分析与发展适度规模下的质量效益型棉业. 中国棉麻流通经济 (6): 26-40.

梁亚军, 李雪源, 郑巨云, 等, 2020. 新疆2019年棉花产业情况概述及存在问题与策略. 棉花科学, 42(1): 14-20.

易成新, 张天真, 1999. 分子标记用于棉花杂交种纯度测验的初步研究（英文）. 棉花学报, 11(6): 318-320, 325.

于霁雯, 喻树迅, 王武, 2006. 应用RAPD对短季棉品种遗传多样性的初步评价. 棉花学报, 18(3): 186-189.

张秋云, 郭江勇, 2004. RAPD技术在彩棉品种鉴定中的应用. 新疆农业科学，41(3): 143-146.

Baker A J M, 1981. Accumulators and excluders：Stradegies in responseof plants to heavy metals. Journal of Plant Nutrition，3: 643-654.

Borner R, Kampmann G, Chandler J, et al, 2000. A MADS domain gene involved in the transition to flowering in Arabidopsis. Plant Journal, 24: 591-599.

Botstein D, White R L, Skolnick M, et al, 1980. Construction of a genetic linkage map in man using restriction fragment length polymorphisms. The American Journal of Human Genetics, 32: 314-316.

Brubaker C L, Wendel J F, 2001. RFLP diversity in cotton. Enfield, NH, USA：Science Publishers：81-102.

Iqbal M J, Aziz N, Saeed N A, 1997. Genetic diversity evaluation of some elite cotton varieties by RAPD analysis. Theoretical and Applied Genetics, 94: 139-144.

Xiao J, Wu K, David D, et al, 2009. New SSR Markers for Use in cotton (*Gossypium* spp.) improvement. The Journal of Cotton Science, 13: 75-157.

Muller H J, 1928. The measurement of gene mutation rate in Drosophila, its high variability and its dependence upon temperature. Genetics, 13: 279-357.

Multani D S, 1995. Genetic fingerprinting of Australian cotton cultivars with RAPD maker.Genome, 38: 1005-1008.

Prakash S, Lewontin R C, Hubby J L, 1969. A molecular approach to the study of genetic heterozygeosity natural populations: IV Patterns of genetic variation in central marginal and isolated populations of Drosophila pseudoobscura. Genetics, 61: 841-858.

Tatineni V, Cantrell R G, Davis D D, 1996. Generic diversity in elite cotton germplasm determined by morphological characteristics and RAPDs.Crop Science, 36: 186-192.

Tautz D, Renz M, 1984. Simple sequences are ubiquitous repetitive components of eukaryotic genomes. Nucleic Acids Research, 12: 4127-4138.

Williams J G, Kubelik A R, 1990. DNA polmorphisms amplified by arbitrary primers are useful as genetic marker. Nucleic Acids Research, 18: 6531-6535.

图书在版编目（CIP）数据

新疆陆地棉品种SSR指纹图谱及身份证构建 / 郑巨云，艾先涛，王俊铎主编. —北京：中国农业出版社，2021.2

ISBN 978-7-109-28049-6

Ⅰ. ①新… Ⅱ. ①郑… ②艾… ③王… Ⅲ. ①棉花－品种鉴定－新疆－图谱 Ⅳ. ①S562.037-64

中国版本图书馆CIP数据核字(2021)第054866号

中国农业出版社出版
地址：北京市朝阳区麦子店街18号楼
邮编：100125
责任编辑：郭银巧　　文字编辑：李　莉
版式设计：杜　然　责任校对：刘丽香　　责任印制：王　宏
印刷：北京通州皇家印刷厂
版次：2021年2月第1版
印次：2021年2月北京第1次印刷
发行：新华书店北京发行所
开本：700mm×1000mm　1/16
印张：9.75
字数：200千字
定价：98.00元